咖啡教父田口護
烘豆研究所

巴哈咖啡館

田口 護・田口康一

巴哈是田口非常敬愛的德國作曲家，而咖啡館的名稱則是取自田口年輕時的綽號「巴哈大叔」。咖啡館的招牌同樣使用田口最愛的巴哈肖像。

前言

致計畫學習烘焙技術的年輕人。

1970年代前半，咖啡廳如雨後春筍般相繼開業，吸引了大批客人上門光顧，但當時提供自家烘焙咖啡豆的店家仍舊屈指可數。在那個時代裡，『巴哈咖啡館』以『SHIMOFUSAYA』之名首次躋身眾家咖啡廳之列。但在那之後，由於地理環境急速變化，造成營業收入驟減，為了讓咖啡廳得以持續生存下去，我在自家烘焙咖啡豆上找到新的生機，進而從一般小咖啡廳轉型成自家烘焙咖啡館。

當時並沒有像現在一樣有許多學習烘焙咖啡豆技術的相關書籍，就算有，也非常難以取得，甚至沒有提供大家學習烘豆技術的烘焙教室（就我所知）。那時想要習得烘焙技術，只能根據從咖啡豆相關業者那裡獲得的基本技術，以及自己不斷摸索，一切從零開始逐一嘗試。

為了學會烘焙咖啡豆的一技之長，竭盡所能地每天持續烘焙豆子。日復一日重覆同樣的試驗，一而再再而三丟棄大量失敗的咖啡豆，數量多到每天都是滿滿一個大型麻布袋。道路清潔人員甚至對我說「你是不是不小心扔錯了？這樣實在太浪費了」。

除此之外，在出國旅行不如現在這麼方便的1970年代後半，我排除萬難從德國知名的Edusho咖啡品牌店（這是一家當時的咖啡迷無人不曉的咖啡專賣店）帶回一整個行李箱的咖啡豆。回國那一天，機場海關人員還特地鼓勵我「這是什麼？咖啡的研究啊，加油喔！」。我將帶回來的咖啡豆全部鋪在屋內的層板上，連日徹夜分析這些咖啡豆。

透過反覆的實驗，並且從錯誤中學習，我建立了一套「系統咖啡學」（《咖啡大全》，積木出版）。另外再以「系統咖啡學理論」為基礎，研發了現在『巴哈咖啡館』的烘焙技術。

現在回想起來，當時的作業真的是大費周章，花費不少時間和金錢。對我自身而言，這是非常好的經驗，但對於接下來想要學習咖啡豆烘焙技術的人來說，我希望你們不要重蹈我的覆轍，希望你們能在不花費太多時間和金錢的原則下，於短時間內學會烘焙技術。而節省下來的時間與金錢，希望大家用來投資自己，精進自己的咖啡豆烘焙技術。我想這樣不僅能給予志在開一間自家烘焙咖啡館的年輕人一個夢想，也能帶動咖啡業朝向更美好的未來發展。

很開心我的接班人 —咖啡館的店長田口康一認同我的想法，協助我將我的理念、技術彙整成這本書。誠心希望擁有這本書的人能夠感受到我與接班人田口康一的用心。

重點在於
如何將擁有的知識與技術滾瓜爛熟到
成為身體的一部分。

針對初次接觸咖啡豆烘焙的人，《咖啡教父田口護 烘豆研究所》這本書為大家提供學習紮實的烘焙技術應該具備的烘焙相關知識與基礎技術。

本書內容是根據我從事咖啡豆烘焙作業40多年來的經驗，並以任何人都能輕鬆理解的方式呈現。我在「系統咖啡學」中曾經介紹過，但在這本書中我也將再次解說，希望大家務必詳細閱讀。

開始之前，我想先請大家幫一個忙。

這本書的主要目的是學習咖啡豆烘焙的基礎知識和技術，然而真正的重點在於學會知識與技術之後，大家要如何活用並實踐書中學到的烘焙知識與技術。

唯有熟悉擁有的知識與技術，並使其成為身體的一部分，才算是真正習得一技之長。要做到這一點，大家必須多花點時間，多花點精力在學習與複習上。希望大家確實理解這一點，並且善加活用這本書，以自我精進再精進為最終目標。

巴哈咖啡館

田口　護
田口康一

目錄

第1章 何謂自家烘焙的「優質好咖啡」

何謂咖啡豆烘焙

咖啡豆依原產地、品種、處理工法的不同而有各式各樣的味道與香氣。為了激發出咖啡豆自身的特色（個性），必須透過熱源對咖啡生豆進行適當加熱，這個過程稱為烘焙。也就是說，幫每一種咖啡生豆「找到適當的烘焙度、進行適當的加熱烘焙、控制在正確的烘焙度」。

烘焙＝打造各種咖啡生豆獨特個性（味道・香味等）的作業
● 找出適當的烘焙度
● 進行適當的加熱烘焙
● 控制在正確的烘焙度

「烘焙」決定咖啡的味道

當精品咖啡（Specialty Coffee）在日本興起一股熱潮時，不少人誤以為「生豆品質比烘焙過程更重要」、「只要生豆品質好，就是『優質的好咖啡』」。然而咖啡的味道並非只取決於生豆品質的好壞。

咖啡的加工過程依序為生豆的生產→烘焙（調製味道的工程）→杯測→萃取（提取味道的工程）。一般人認為生豆和烘焙決定咖啡8～9成的味道。未經烘焙的生豆只帶青草腥味，沒有咖啡獨特的味道與香氣。

正確掌握生豆的特徵，預設好咖啡味道後進行加工，在加工過程中提取酸味、苦味、甜味、香氣等風味，這就是咖啡豆烘焙。

近年來主打精品咖啡（P11）的自家烘焙咖啡館如雨後春筍般林立，但日本的市場占有率只有11%（根據2018年精品咖啡的市場調查報告）。目前日本的主流仍是以大量消費為目的的商業咖啡（Commodity Coffee）。

而『巴哈咖啡館』基本上以特級咖啡（Premium Coffee，排序介於精品咖啡與商業咖啡之間的高品質咖啡）和商業咖啡為主，但菜單中仍列有一些精品咖啡的選項。

History

『巴哈咖啡館』從12坪的小咖啡廳起步

『巴哈咖啡館』開業於1968年，當時的店名為『SHIMOFUSAYA』，是一家僅12坪16席的小小咖啡廳。於1975年進行整修，轉型為自家烘焙咖啡並改名為『巴哈咖啡館』重新開幕。當初選擇轉型為自家烘焙，是因為所在環境驟變導致來客數和營業額急遽下滑，就在面臨倒閉邊緣之際，為咖啡廳帶來一絲光明的就是自家烘焙咖啡。當時的店長將所有希望寄託在這微小的曙光上，歷經昭和～平成～令和，長年來不斷追求咖啡豆和咖啡的本質直到現在。

就算取得一批好品質的生豆……

烘豆技術差 　　➡　　評價下降

烘豆技術好且正確 　➡　　評價上升

自家烘焙的必要性 ～優點・缺點～

計畫開一家自家烘焙咖啡館之前，請務必先了解自家烘焙的優點與缺點。

◎ 自家烘焙的優點

● 供應店家原創風味的咖啡 ➡ 原創＝吸引顧客的附加價值。

● 自行採購好品質的生豆，自行製造（烘焙）且販售，讓顧客能安心・安全享用。

● 店家自行採購且烘焙生豆會比向其他公司或店家購買烘焙豆更具成本效益。

◎ 自家烘焙的缺點

● 初期需要投資購買烘豆機等硬體設備。

➡ 對策：準備足夠的開業資金。

● 每天預留足夠的烘焙時間，開業後所需的烘焙豆數量若多於最初的預設量，難免會影響或干擾店裡所有業務的運作。

➡ 對策：於開業之前明確規劃好開業初期的目標烘焙數量與未來的目標烘焙數量，並且事先擬定烘焙數量增加時該怎麼處理（例如雇用員工等）的因應對策。

● 豆子沒賣完，只能丟棄處理（損失）。

➡ 對策：為避免豆子有所剩餘，費點心思調整進貨量、商品種類數量、烘焙數量。

※ 所謂精品咖啡，是指①在咖啡豆原產國裡，經過適當的栽培管理、收割、加工處理、篩選與品質管理後，幾乎不摻雜瑕疵豆的咖啡生豆、②經過適當的運

送與保存，在咖啡豆劣化情況最少的狀態下進行烘焙，烘焙豆裡幾乎未摻雜瑕疵豆、③進行適當的萃取作業，呈現咖啡豆原始的獨特風味（根據日本精品咖啡協會提供的資料）。

咖啡的「味道重現」

當咖啡成為商品時，為了維持一定的品質，必須每一次都沖泡出同樣味道的咖啡。每一次都必須烘焙出同樣味道的咖啡豆，換句話說，「味道重現」是非常重要的條件。

雖然是同樣的商品，但每一次的味道都有些許差異＝可能會造成店家失去信用。

➡ 就商品（咖啡豆）而言，「味道重現」非常重要。

「味道重現」意指以相同的烘豆機烘焙相同數量的相同生豆，調製出相同的咖啡豆味道。

以自家烘焙的方式煮咖啡

「為了顧客」追求並提高烘焙技術。換句話說，自家烘焙咖啡館必須打造以顧客為優先考量的商品與味道。

另一方面，自家烘焙咖啡館若要打造高原創性的美味咖啡，更是得用心為地區顧客精心製作與眾不同的獨家咖啡。

對自家烘焙咖啡館來說，最大的喜悅莫過於和顧客共同分享咖啡的美味與種種樂趣，成為一家顧客樂於細細品味並享受其中的咖啡館，是自家烘焙咖啡館共同的使命與課題。

⭕ 打造滿足顧客需求的咖啡

- 穩定的味道與香氣，顧客才能隨時喝得安心。無論顧客何時上門，都能買到店裡的招牌商品。➡ 供應品質穩定的咖啡。
- 多準備幾種能夠滿足顧客喜好的咖啡口味。

Memo

自家烘焙咖啡館的經營型態

同樣名為自家烘焙咖啡館，但經營型態五花八門。若計畫開業，務必事先決定好經營型態。畢竟不同經營型態所需的資金、開店、店面大小、經營內容、數量和人力各不相同。而主要經營型態分為只販售咖啡豆、販售咖啡豆兼咖啡館、宅配、網購等。

『巴哈咖啡館』提倡「優質好咖啡」

⬤ 「優質好咖啡」的3個條件

『巴哈咖啡館』提倡「優質好咖啡」，而所需條件如下所示。

● 沒有瑕疵豆的咖啡豆

● 適當烘焙的咖啡豆

● 新鮮的咖啡豆

　　是否為「優質好咖啡」，不再是依據過去咖啡界常說的好喝或不好喝的籠統規範，而是任何人都能接受的科學理論準則，而這個準則就是「優質・劣質」。

　　而「優質・劣質」又是以什麼為基準呢？判斷基準有3點，如下所示。

1、沒有瑕疵豆的咖啡豆

　　剔除造成雜味的瑕疵豆。

2、適當烘焙的咖啡豆

　　均勻烘焙，豆芯熟透。進行適當烘焙以提取咖啡原有的味道。

3、新鮮的咖啡豆

　　『巴哈咖啡館』向來提唱「咖啡豆是生鮮食品」的概念。

　　確實達到這3個條件，就是「優質好咖啡」。這是任何人都能理解，十分簡單易懂的規範。

Advice

擬定完整的開業計畫！

自家烘焙的引進方式會依經營型態、規模大小、分店數量而有所不同。只經營單一家咖啡館或將來預計增設2～3間分店，這些都會影響計畫的擬定。因此最重要的是務必於事前擬定完善的計畫，並且在不勉強的合理範圍內穩紮穩打地實踐開業計畫。

第2章
自家烘焙咖啡的基礎知識

咖啡生產國

分布於咖啡帶上的生產國・地區

　　咖啡的主要栽培區稱為「咖啡帶」，這條咖啡帶位於北緯25度和南緯25度之間的熱帶地區。最適合栽種咖啡的區域是年平均溫度18～25度℃，年雨量1600mm以上，具有適度日照且能產生冷熱溫度差的高地，而最適合的土質為富含有機物質且排水良好的土壤。

　　上方地圖標示的國家為『巴哈咖啡館』所經手的咖啡豆來源。『巴哈咖啡館』使用來自世界各地的咖啡生豆，打造各式各樣的咖啡相關產品。

Memo

全球咖啡生產國

全世界有60多個國家生產咖啡豆。根據2018年FAOSTAT（聯合國糧農組織統計資料庫）的統計資料，生產量最大的是巴西，其次依序是越南、印尼、哥倫比亞、洪都拉斯、衣索比亞、秘魯、印度、瓜地馬拉。而近年來，亞洲地區的咖啡豆產量也愈來愈引人矚目。

咖啡烘豆機

烘豆機種類

烘豆機主要分為直火式、半熱風式、熱風式烘豆機3大類型。

而自家烘焙咖啡館多半引進鼓式烘豆機。

一般自家烘焙咖啡館使用的烘豆機容量約為1kg至60kg不等。

◯ 直火式烘豆機

盛裝咖啡生豆的滾筒是以鑽有網狀洞孔的鐵板製作而成。爐火熱源直接設置於滾筒下方，亦即滾筒與爐火之間的距離比較近。

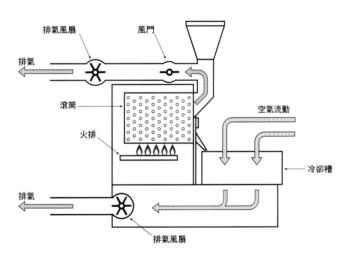

◯ 熱風式烘豆機

製作滾筒（盛裝咖啡生豆）的鐵板上沒有網狀洞孔。火排和滾筒之間有一定的距離（爐火並未直接加熱於滾筒上），透過送風方式將熱風送入滾筒內進行烘焙。

熱源產生的熱量會直接以熱風方式傳送至滾筒內。

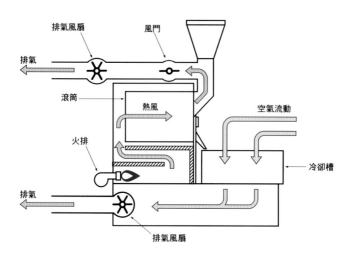

◯ 半熱風式烘豆機

半熱風式烘豆機的構造基本上和直火式相同，但盛裝生豆的滾筒則和熱風式相同，都是使用沒有鑽洞孔的鐵板製作而成。火排從滾筒下方加熱的同時，滾筒後方也有熱風不斷送入滾筒內。

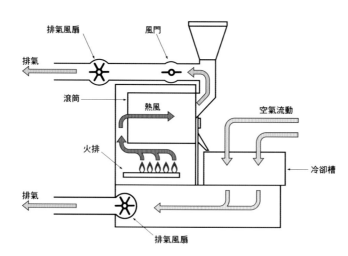

「名匠」烘豆機

「名匠」烘豆機是『巴哈咖啡館』和大和鐵工所（日本岡山市）共同研發的半熱風式烘豆機。研發「名匠」烘豆機時，大家總是不斷思考以下問題。

● 針對每天使用烘豆機的人，打造能夠消除他們的不滿與負擔的功能。

● 打造提高烘豆機本身的熱功率，增加1整年穩定性的構造。

● 全面檢討操作性與設計性，製造符合時代需求的設備。

「名匠」烘豆機的滾筒配有二層金屬製隔熱板結構（外隔熱構造）。幫助燃燒的空氣經由內隔熱板與外隔熱板之間進入燃燒室。透過這種構造，即便沒有暖鍋，也能不斷將溫度穩定的空氣送入燃燒室，在不受環境的影響下持續烘焙咖啡豆。這是一台熱功率極佳的空調規格烘豆機。

另一方面，排氣風扇採用變頻控制，外加雙風門構造（其中一個是名為咖啡液香氣計的副風門），有效提高排氣效果。

此外，可以經由電腦讀取烘焙紀錄，能直接透過電腦監控也是這台烘豆機的一大特色。再加上優美的外觀設計，擺在任何一家咖啡館裡都宛如擺飾般和諧美麗。為了搭配店家裝潢，「名匠」烘豆機目前有3種顏色可供選擇。

而容量方面則備有20kg、10kg、5kg、2.5kg等4種類型。

活躍於『巴哈咖啡館』烘焙室的
「名匠10」是一款容量10kg的烘
豆機。機器顏色有綠色、鈷藍色和
紅色3種。廠商還提供在下豆門的
門片上雕刻咖啡館店名的服務。

烘豆機的挑選方式

○ 依經營型態選購

　　咖啡豆的烘焙量因經營型態而大有不同，選購時務必仔細考慮這一點。以經營咖啡館兼銷售咖啡豆的經營方式為例，一般大型店家由於店內飲用的比例較高，咖啡銷售量通常大於咖啡豆銷售量大，這種店家適合使用3～5kg容量的烘豆機。另一方面，小型店家的咖啡豆銷售量通常大於店內飲用的咖啡銷售量，建議使用5～10kg容量的烘豆機。

　　下方表格為烘豆機容量與月烘焙量基準，僅供大家參考。

烘豆機容量		月烘焙量
2.5kg	➡	～250kg左右
5kg	➡	250kg～1t
10kg	➡	500kg～1t以上

○ 基於將來的烘焙量來選購烘豆機

　　開業2年後、5年後的大致烘豆數量也是選購烘豆機的條件之一。烘豆量多的話，當然可以視情況汰換成較大容量的烘豆機，但勢必得再支付一筆為數不小的經費。

　　因此，事先擬定長期計畫並設定目標烘豆量，然後再選購一台適合的烘豆機才是明智之舉。

　　那麼，一開始應該選購多大容量的烘豆機比較適合呢。我認為可以從2.5kg容量的烘豆機開始。主要原因是這種機型比較容易打造咖啡風味。如果計畫開一家主打販售咖啡豆的店，有一台2.5kg容量的烘豆機應該就足以烘焙出能夠穩定經營的咖啡豆量。

○ 學會咖啡豆相關知識和烘焙技術後再購買烘豆機

　　建議大家把購買烘豆機的順序擺在最後。購買烘豆機之前，必須先取得咖啡豆的相關知識和烘焙技術。在沒有相關知識和技術的情況下選購烘豆機，將來肯定會後悔。畢竟烘豆機的價格昂貴，又是決定咖啡味道的最大關鍵。因此，務必確實習得烘焙咖啡豆所需的味覺和技術後再添購烘豆機。

　　由於近年來講求活用咖啡生豆特性的烘焙技術，選購烘豆機時也必須將這個要點列入考慮。

◎ 必須將排煙裝置也視為烘豆機的一部分

近年來，配置烘豆機的同時也必須仔細考慮排煙裝置和環境問題。尤其在住宅區內開業，更是需要考量居民的日常生活，積極裝設排煙裝置。

而在某些情況下，還必須另外加裝滅煙機或異味處理機等設備。

為了妥善處理排氣問題，大家必須將煙囪也視為烘豆機的一部分，而設置烘豆機時，務必讓煙囪突出於屋頂之上。

開業後一旦附近居民抱怨煙霧或異味，恐怕會影響正常營業。因此對於排煙裝置和環保問題，寧可過度努力也不要便宜行事。

另一方面，租店開業的情況也要特別留意。先前稍微提過，設置烘豆機時必須沿著外牆裝設排氣煙囪，假使屋主不同意這麼施作，就必須另外尋找其他適合的地點。所以找好地點，要和屋主簽訂合約之前，務必先確認裝設排氣煙囪的可行性。

另外還需要特別留意排氣煙囪引發火災的問題。假設開業場所是木造房屋，更要小心謹慎。排煙管必須貫穿木造房屋的外牆時，務必採取裝設耐高溫石磚或隔熱開孔板等完善的火災預防措施。

◎ 選購烘豆機時，設計感和配色也是考慮要件

將烘豆機擺設於店內時，烘豆機將會成為彼此之間的溝通橋梁。為了透過烘豆機加強與客人之間的交流，挑選能夠吸引眾人目光且兼具設計感、迷人配色的烘豆機也是重要關鍵。

打造烘焙室

◎ 設置地點

引進烘豆機時，必須同時考慮烘焙室的建置問題。烘焙作業中，粉塵、煙霧、味道等是無可避免的產物。此外還要特別留意客人燒燙傷的意外問題。

基於這一點，不能只是引進烘豆機，必須另外打造一個烘焙室。而打造烘焙室的首要之務是考慮設置地點，根據店面的空間大小與形狀來設置烘焙室，不僅安全又有助於提高營業額。

若想展現陳列效果，可以將烘焙室設置在店裡最顯眼的地方；若想吸引路過的行人佇立觀看，則可以將烘焙室朝外設置並改為玻璃帷幕。

◎ 預留擺放烘豆機等設備的足夠空間

烘焙室應該預留多少空間呢？思考這個問題時，我們必須同時考量一些要

素，首先是烘豆機的大小。烘豆機的大小會因預設多少烘豆量而異，所以我們必須配合烘豆機的大小預留空間。除此之外，還要確保有足夠空間擺放生豆存貨、烘焙後的咖啡豆等。而烘焙作業勢必伴隨一些附帶設備，務必綜觀全局再仔細判斷所需空間。

◎ 整備作業環境

烘焙室裡還要為工作人員準備一個能夠適當烘焙且能夠輕鬆工作的作業環境。而為了進行有效率且穩定的烘焙作業，適當的室溫、濕度、換氣、照明等都是必要條件。

烘焙室的溫度和濕度等因所在區域、季節而大有不同，這些差異會大幅影響烘焙作業。例如冬天或夏天，北海道或九州，溫度和濕度都迥然不同。

另一方面，溫度、濕度等也會影響生豆保存狀況。10℃的生豆和0℃的生豆，烘焙時的設定溫度和時間也都不一樣。無視這些狀況，堅持以同樣方式進行烘焙的話，最終的咖啡豆味道肯定無法維持穩定的水準。所以，安裝能夠管理室溫、濕度、換氣的空調裝置和除濕機等設備，打造一個能夠進行適當烘焙的作業環境是非常重要的前置作業。

除此之外，照明對烘焙與手工挑豆等作業的順利進行也占有一席重要地位。以照明設備為例，進行手工挑豆作業時，若燈光來源能夠上下移動，將有助於更清楚地篩選大量咖啡豆。

至於燈泡或日光燈，不同顏色也會影響咖啡豆判讀的難易度，這一點務必特別留意。『巴哈咖啡館』使用反射型投光燈泡，比較接近自然光，能夠清楚看出咖啡豆表面的凹凸。而所謂反射型投光燈泡，是指以真空鍍膜方式在燈泡內側鍍鋁，具有反射鏡效果的電燈泡。

◎ 關於附帶設備

雖然簡單一句烘焙室的附帶設備，其實種類非常繁多。進氣口、換氣風扇、空調、給排水、集塵器、排煙裝置、溫度計、滅火器、量秤、保存咖啡豆的瓶瓶罐罐……等等。這些都是烘豆作業中不可或缺的設備。規劃烘焙室之前，必須將需要的大小設備逐項記錄下來。這些設備對烘豆作業有什麼幫助，希望大家能仔細思考各項功能後再著手規劃設計烘焙室。

◯ 積極採取防止公害的對策

　　如P22所述「必須將排煙裝置也視為烘豆機的一部分」，這個問題攸關這家店能否永續經營，所以在這裡我必須再次強調。

　　『巴哈咖啡館』非常重視防止公害的對策，舉例來說，5kg容量的烘豆機必定使用油煙清淨機，而10kg容量以上的烘豆機則必定配備後燃滅煙機。

　　尤其近年來環保意識抬頭，規範愈來愈嚴格，還請大家務必多留意。

◯ 煙囪配置圖

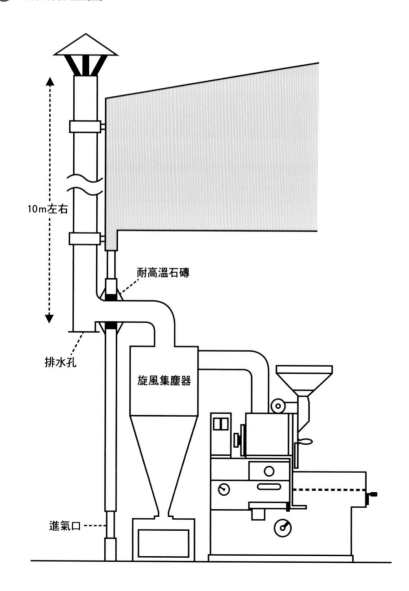

10m左右

耐高溫石磚

排水孔

旋風集塵器

進氣口

『巴哈咖啡館』採用8階段烘焙度

『巴哈咖啡館』目前採用淺度烘焙（1・2）、中度烘焙（3・4）、中深度烘焙（5・6）、深度烘焙（7・8）的8階段烘焙度。

烘焙度是判斷咖啡味道的一個標準，8個階段代表不同的味道變化。目前世界各地也多採用8個階段的分級標準。

○ 焙煎度

8階段	淺度烘焙	1・2
	中度烘焙	3・4
	中深度烘焙	5・6
	深度烘焙	7・8

Memo

生豆採購與杯測

烘豆之前要做的第一件事是採購生豆。也就是說，能否順利採購生豆是烘焙作業的重要關鍵。然而採購生豆並非初學者能夠立即上手的事。採購之前必須先蒐集生豆進貨狀況、產地收成情況、生豆價格、生豆庫存狀況等資訊。所以平時要努力多和烘焙業者或生豆批發商互相交流，多方面蒐集資料。另外，採購生豆並進行杯測時，採用浸泡式萃取方式（在杯內放入咖啡粉，注入熱水浸泡4分鐘左右後萃取）（烘焙豆的杯測請參閱P78～P79）。

第3章
手工挑豆

1

何謂手工挑豆

剔除瑕疵豆和異物

　　使用摻雜瑕疵豆的生豆進行烘焙練習的話，無法學會判定烘焙結果的好壞。在『巴哈咖啡館』裡，我們通常使用手工挑選過的生豆來練習烘焙。

⬤ 瑕疵豆與異物

未熟豆
果實尚未成熟即採收的豆子，呈現獨特的綠色，形狀偏小。

發酵豆和黑豆
發酵豆是指掉到地面或某些因素造成發酵時間過長的豆子。黑豆是指豆子過度發酵而變黑。

發酵臭豆
採收後沒有及時進行精製加工處理而產生臭酸味的豆子。

發霉豆
採收、精製加工、保存、運送過程中受到霉菌感染而發霉的豆子。豆子會有一股霉味。

蟲蛀豆

遭到咖啡果小蠹蟲蝕
的豆子。生豆上會有
蟲蛀的洞孔，而有些
洞孔還會發黑。

貝殼豆

乾燥不完全或異常交
配等因素造成豆子中
央凹陷呈貝殼狀，因
此取名為貝殼豆。

乾燥咖啡櫻桃

脫殼處理或去除果肉
的過程中產生瑕疵，
造成咖啡豆腐爛。

羊皮膜豆

咖啡豆表面的羊皮層
未確實脫除的豆子。

異物

諸如石頭、樹枝、玻
璃、玉米穀物等雜質。

手工挑豆的方法

烘焙前・烘焙後

　有時候烘焙過後更容易發現瑕疵豆，像是死豆。觀察豆子的方式依烘焙前和烘焙後而有所不同，因此烘焙前和烘焙後都要進行手工挑豆作業。

○ 烘焙前（生豆）的手工挑豆

　1個托盤的分量（請參考右頁）進行3次挑豆作業。第1、2次確實剔除瑕疵豆和異物，第3次則仔細確認有無遺漏。尤其是發酵豆，一旦經過烘焙會比較難以篩檢，務必於烘焙前仔細觀察並予以剔除。

　另外，過大與過小的豆子也都於烘焙前先一併剔除。

○ 烘焙後（烘焙豆）的手工挑豆

　1個托盤的分量進行2～3次挑豆作業。請特別留意死豆（P33）。顏色和形狀異常的豆子也一併剔除。

○ 剔除會嚴重影響味道的豆子

　『巴哈咖啡館』有一套剔除瑕疵豆的標準作業程序。首先會將重點擺在容易影響味道的豆子上，例如發酵豆、未熟豆、黑豆等，確實找出這一類的豆子並予以剔除。

○ 手工挑豆需要的道具

●用於平鋪生豆的黑色托盤（比起白色或咖啡色的托盤，黑色更有助於一眼發現瑕疵豆）。
●盛裝瑕疵豆、異物的托盤（為了雙手操作方便，建議托盤寬度盡可能一致，並且橫擺於眼前）。
●碼錶（用於測量時間和精準度）。

◯ 手工挑豆的順序

步驟 1

將生豆平鋪於黑色托盤上，注意生豆不要堆疊在一起。

步驟 2

使用雙手的食指與中指，從身體側往前畫直線，將盤子裡的生豆分成5等分。分成5條跑道，
視覺上更顯清晰。

步驟 3

逐一剔除每條跑道中的
瑕疵豆。

步驟 4

逐一剔除後，將所有豆子往中間聚集並上下左右翻面。

步驟 5

翻面後再次將豆子平鋪
於托盤裡。以同樣方式
重覆剔除瑕疵豆。

烘焙過後的豆子也以同樣方式重覆剔除瑕疵豆。

在烘焙後的手工挑豆作業中，主要剔除貝殼豆、破裂豆和死豆。死豆是指沒有正常結出果實的豆子，即使於烘焙過後，顏色仍舊偏白，蠻容易一眼就看得出來。

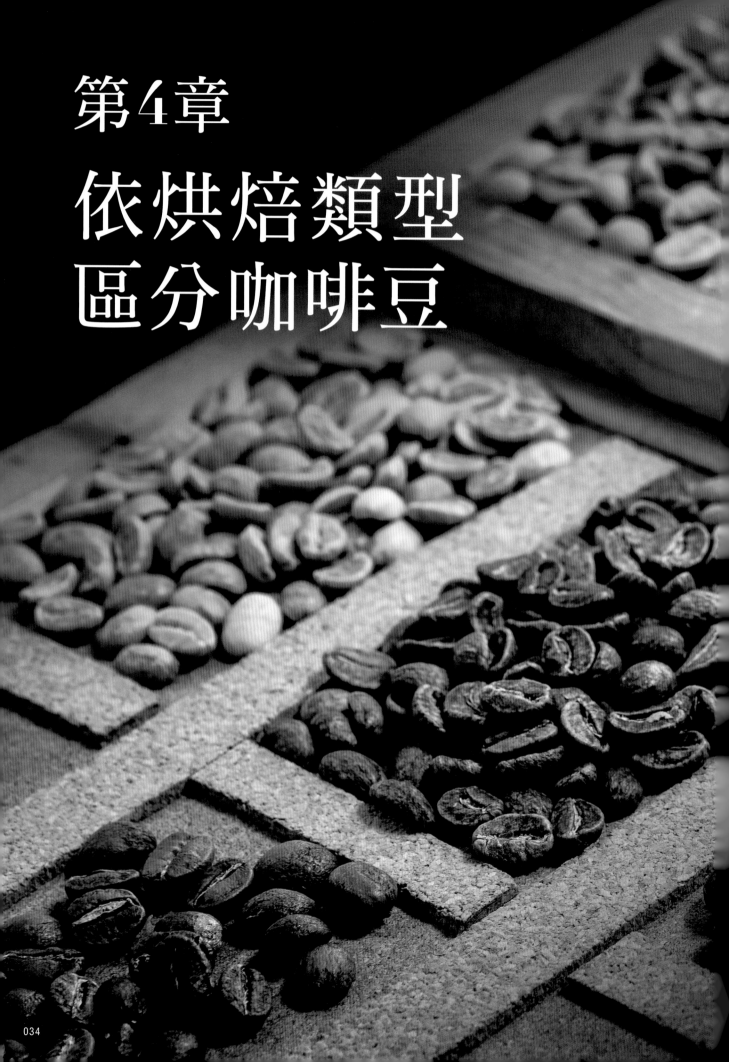

第4章
依烘焙類型
區分咖啡豆

衍生自「系統咖啡學」的
咖啡豆烘焙技術

『巴哈咖啡館』自30年前便開始提倡「系統咖啡學」，而為了讓更多年輕人了解這個理念，進一步出版《咖啡大全》、《田口護的精品咖啡大全》（皆為積木文化出版）這兩本書。這次的《咖啡教父田口護 烘豆研究所》中也以更為淺顯易懂的方式解說「系統咖啡學」所提倡的味道重現、技術共有與傳承。

「系統咖啡學」是『巴哈咖啡館』，也是這本書的基本準則，對即將踏入自家烘焙領域的人來說，是極為重要的理念。

（詳細內容請參閱田口護的《咖啡大全》）。

以烘焙度為例。淺度烘焙的咖啡豆，酸味比較強烈，而深度烘焙的咖啡豆，則是苦味比較強烈。任何人進行烘焙，都會是同樣的結果。淺度烘焙不會有強烈的苦味，深度烘焙也不會有強烈的酸味。

在烘豆、萃取等各種過程中，這是不會改變的定理。而「系統咖啡學」所標榜的就是一步一步累積這些定理，並以科學、邏輯方式進行從生豆到烘焙、到萃取的咖啡豆生產過程。咖啡豆烘焙由多種要素組合而成，若單用一句「最後端靠專家的直覺」來解釋烘焙技術，這對初次接觸烘焙的人來說，是相當抽象且難以理解的。

而當時為了打破這種舊有觀念，並且以共同的指標讓初次接觸的人也能學會不逞強、色澤均勻、不浪費的烘焙技術，我才會努力提倡「系統咖啡學」，並進一步從這個理念與方法衍生出『巴哈咖啡館』的自家烘焙技術。接下來將為大家解說「系統咖啡學」的基本架構—依照烘焙類型區分咖啡豆。

將咖啡生豆分成四種類型的三個步驟

　　咖啡豆依品種和產地的不同而有各自與眾不同的特性。為了充分活用這些特性以進行烘焙，『巴哈咖啡館』將咖啡生豆分成 A～D 四種類型。

　　首先，讓我們按照以下三個步驟將咖啡生豆分成四種類型。

① 按照咖啡的顏色和形狀，分別歸類至所屬類型。

② 按照四個烘焙度判斷點取樣。

③ 判斷咖啡豆屬於 ABCD 哪一種類型。

Episode

家傳鍋爐維修工作
正好派上用場

正式開始自家烘焙之前，大概需要2年以上的測試時間。從測試用烘豆機起步，然後於2年後正式運作。從3kg滾筒到5kg滾筒，一步一步學會烘豆技術。買齊各式各樣的咖啡豆並進行分析，從生豆階段到萃取液階段，詳細記錄完整的數據，並於再次分析後活用於下一次的烘焙，像這樣一步一步累積必要的數據。然而蒐集和分析烘焙數據並非容易之事，這時正好派上用場的是年輕時幫家裡經營鍋爐維修的寶貴經驗。維修鍋爐時，必須進行水質檢測等複雜且多樣的作業，和當時的工作相比，烘焙作業反而輕鬆些。充分活用當時所獲得的知識，並且努力收集資料，才得以成就如今的烘焙技術。

將咖啡生豆
分成四種類型

仔細觀察咖啡生豆並分類

　　仔細觀察生豆的顏色、形狀、凹凸、大小、厚度。如何培養觀察眼力，最有幫助的就是手工挑豆。透過手工挑豆，可以直接觀察、觸摸豆子。透過反覆的訓練，自然能學會一眼看穿豆子的好眼力。

○ 各式各樣的咖啡生豆

圓豆（公豆）

大小尺寸混雜的帕卡瑪拉種
（Pacamara）

肉質厚和肉質薄的生豆

中線側稍微凹陷的生豆

顏色偏白的生豆

精製加工處理後變褐色的豆子

A型生豆

B型生豆

C型生豆

D型生豆

烘焙四種
不同類型的
咖啡生豆

透過烘焙來比較四種咖啡生豆的變化

針對四種類型的咖啡豆進行烘焙，並且按照四個烘焙度判斷點出豆。

⭕ 四個烘焙度判斷點

① 豆子開始膨脹

② 第一次爆裂開始

③ 第一次爆裂結束

④ 第二次爆裂開始

※ 烘焙至義式烘焙程度就可以結束了。

◯ 比較不同類型的咖啡生豆

從下方照片中可以看出咖啡生豆顏色的色調依A→B→C→D類型的順序逐漸變深。

A型生豆

B型生豆

C型生豆

D型生豆

⬤ 根據四個烘焙度判斷點進行比較

❶ 豆子開始膨脹

A～D型豆的上色方式明顯不同。A型豆從淡淡的紅棕色開始產生變化，但D型豆還明顯殘留藍綠色的部分，這表示火候不足以使豆子達到變色的階段。

❷ 第一次爆裂開始

A型生豆轉變成褐色，中線裂開並開始膨脹。B、C、D型豆明顯出現黑色皺褶，表面的凹凸也比A型豆來得清楚，肉眼就看得出變硬的感覺。

A型豆

B型豆

C型豆

D型豆

❸ 第一次爆裂結束

A型豆幾乎看不到皺褶。B、C、D型豆有明顯的黑色皺褶，而且給人稍嫌硬了點的感覺。

❹ 第二次爆裂開始

A型豆和B型豆明顯膨脹。C型豆和D型豆的皺褶比❸的時候更長，而且也開始膨脹了。但D型豆看起來還是很硬，而且膨脹狀態略顯不足。

將咖啡生豆
分成ABCD
四大類型

依據顏色、皺褶、膨脹狀態進行分類

任何咖啡豆都通用的指標。依據顏色、皺褶、膨脹狀態（請參照P42～P43）
將咖啡豆分類成ABCD型。

◉ 四大類型咖啡生豆的最佳烘焙度

	A型生豆	B型生豆	C型生豆	D型生豆
淺度烘焙	◎	○	△	×
中度烘焙	○	◎	○	△
中深度烘焙	△	○	◎	○
深度烘焙	×	△	○	◎

※◎表示最佳烘焙度，○表示適中烘焙度。

『巴哈咖啡館』會另外以生豆顏色和肉質作為分類咖啡生豆類型的依據。舉例來說，雖然不能以偏概全，但A型生豆的顏色多半偏淡綠色至白色。B型生豆的顏色明顯呈綠色。C型生豆的肉質較厚，顏色偏綠。而D型生豆多半肉質厚且比較硬，顏色偏綠色至藍綠色。

避免不合理、色澤斑駁、無用的烘焙

所謂不合理的烘焙，是指想要違背自然定理，製造沒有苦味的深度烘焙咖啡豆。所謂色澤斑駁的烘焙，則是指烘焙出來的咖啡豆顏色不均勻，這通常是因為生豆裡摻雜瑕疵豆，或者生豆顆粒大小不一致所造成。

最後是無用的烘焙，例如硬是白費精力將Ａ型豆烘焙至深度。由此可知，烘焙咖啡豆時，謹守ＡＢＣＤ型各自的最佳烘焙度～適中烘焙度是非常重要的。

如果計畫經營一家自家烘焙咖啡館，請務必避免不合理、色澤斑駁、無用的烘焙。

『巴哈咖啡館』的咖啡豆

接下來為大家介紹『巴哈咖啡館』所使用的各 ABCD 類型咖啡豆。

A型　**淺度烘焙**

巴西W咖啡豆

南美洲巴西東北部巴伊亞州出產的咖啡豆。等級No.2，顆粒大小18，並在巴西當地以水洗法加工處理。這是『巴哈咖啡館』獨家使用的咖啡豆，充滿柔和的酸味、豐富的堅果香氣。

生豆

烘焙豆

A型　**淺度烘焙**

海地馬雷布蘭奇莊園咖啡豆(Haiti Mare Blanche)

出產於位在中美洲加勒比海的島國海地，受惠於石灰質土壤和信風吹拂，是品質非常好的咖啡豆。口感高尚，充滿清爽的香氣，酸味適中，濃郁度柔和，整體搭配十分和諧。

生豆

烘焙豆

B型　**中度烘焙**

中國・雲南「翡翠」

這是從位於中國雲南省和緬甸邊界的瑞麗所引進的特別品種咖啡豆。咖啡栽種地是位於高山區的江東農園，海拔約1,800公尺。當地有些土地開採稀土金屬後遭到荒廢，筆者（田口護）和不少當地專業人員共同保護這些土地，並且進行森林再造計畫，因此這個品種的咖啡豆也被稱為「日中友好咖啡」。

生豆

烘焙豆

B型　**中度烘焙**

葉門・摩卡赫拉滋（Yemen Mocha Haraaz）

這個品種的咖啡豆出產於中東葉門的首都沙那西方的赫拉滋地區。咖啡栽種地位於海拔1,500公尺～2,000公尺的高山，是葉門產咖啡豆的主要栽培區之一。以日曬法加工處理，生豆充滿果實香味，層次滑順，同時具有酸味與甜味。

生豆

烘焙豆

C型 **中深度烘焙**

哥倫比亞‧塔米南戈（Colombia Taminango）

出產於南美洲哥倫比亞西南部，靠近厄瓜多的納里尼奧省。咖啡栽種地位於海拔1,800公尺的高地，採用傳統手法栽培。以日曬法加工處理，肉質厚且等級高。風味濃郁，帶有高尚的獨特酸味。

生豆

烘焙豆

C型 **中深度烘焙**

瓜地馬拉‧康波斯特拉（Guatemala Compostela）

這是位於中美洲瓜地馬拉薇薇特南果省的波爾莎莊園（La Bolsa）所生產的咖啡豆。栽種地位於海拔1,300公尺的高地，是最高等級的極硬豆（Strictly Hard Bean，SHB）。「Compostela」在原文中意指繁星點點的高原，而這個名字的靈感來自高地上的莊園風景。咖啡豆具有溫和順口的酸味，以及宛如可可般的迷人香氣。

生豆

烘焙豆

D型　深度烘焙

肯亞ＡＡ

這是非洲肯亞咖啡中，顆粒尺寸較大且大小一致的最高等級（ＡＡ）品種。味道
濃郁且帶有溫和甜味，甜酸的感覺好比黑櫻桃或杏桃。就算經深度烘焙，依然
感覺得到酸味。

生豆

烘焙豆

D型　深度烘焙

馬拉威‧維斐亞（Malawi Viphya）

這個品種的咖啡豆來自非洲東南部的馬拉威，咖啡豆栽種地位於馬拉威北部，
海拔1,600～2,500公尺的維斐亞高地。獨特的巧克力風味中還帶有一絲清爽
的酸味。

生豆

烘焙豆

第5章
烘焙咖啡豆的過程與打造最佳烘焙豆樣本

烘焙咖啡豆的過程

事前檢查確認

基礎烘焙作業的基本功，就是開始烘焙之前的準備與檢查。從安全確認與預防失敗的角度來看，這一點非常重要。

舉例來說，檢查是否確實清除集塵器的集塵盒中的銀皮、消防器是否放在固定位置、烘焙室裡沒有擺放多餘無用的雜物，以及烘焙機是否有雜音或臭味。事先列出檢查項目，並確實一一確認過後再開始進行烘焙作業。

店裡使用桶裝瓦斯時，務必多加留意是否會有烘焙至一半就沒有瓦斯的情況，事先確認瓦斯量殘留量是非常重要的事前檢查。

烘焙生豆的順序

進行烘焙之前，先決定好從哪一種豆子開始。

建議先從適合淺度烘焙且質地較軟的豆子開始，最後才是深度烘焙豆。如此一來才能進行高穩定度的烘焙作業。

暖鍋

烘焙作業開始之前，先啟動烘豆機進行暖機程序，事先加熱滾筒，這個動作稱為暖鍋。

暖鍋需要一段時間（進行一次烘焙約需要15～20分鐘的預熱時間），確實讓整個滾筒的溫度上升。

進豆

關於投入生豆時的溫度，『巴哈咖啡館』通常以180℃為標準。

而生豆投入量則取決於滾筒容量。5kg的烘豆機，原則上投入5kg的生豆，但實際上也可能投入少於滾筒容量的生豆量。生豆量少於滾筒容量時，停止烘焙時間點會比較難以精準掌握。

回溫點

將常溫生豆投入已加溫的滾筒後，滾筒內的溫度開始下降。下降至最低並開始準備升高的溫度，稱為回溫點。回溫點容易受到天氣或生豆本身情況的影響。例如平時的回溫點是105℃左右，但偶爾會下降至95℃，這可能是火力不足所造成，必須適時進行調節。

回溫點是「味道重現」的指標。確認烘焙數據中的回溫點差異，發現差異過大時，仔細推敲原因並調整火力、排氣或烘焙時間等要素。

Advice

逐步且踏實地提高技能

習得烘焙技術後，要隨時保持這個能力，並且精益求精，進一步提升自己的技能。一個階段一個階段逐步精進技術，才是成為烘焙高手的捷徑。一旦操之過急，可能因此失去好不容易學會的技能。這是學習烘焙技術過程中的一個大陷阱。

第一次爆裂前

隨著溫度上升，水分和揮發性成分逐漸散發，原豆體積開始縮小（即將進入第一次爆裂前的體積最小），生豆的腥味也開始轉為迷人的香氣。此時中線開始裂開。

第一次爆裂

水分和揮發性成分散發後，原豆溫度上升並形成咖啡獨特的味道與香氣。而吸熱反應結束後，生豆膨脹造成爆裂。這就是第一次爆裂。膨脹爆裂時會發出劈哩啪啦的爆裂聲。

第一次至第二次爆裂

第一次爆裂後持續加熱，吸熱反應促使豆子再次爆裂，這就是第二次爆裂。第二次爆裂的程度比較平緩，聲響也比較小。豆子表面的皺褶開始拉長，顆粒逐漸變大。

第二次爆裂以後

第二次爆裂後若持續進行烘焙，就會變成顏色較深且味道較苦的深度烘焙豆（7・8）。豆子呈現黑色時，揮發性成分的濃度也會變強烈。

停止烘焙

停止烘焙是決定咖啡「味道重現」時一個非常重要的步驟。第二次爆裂後，烘焙進展速度變快，味道和香氣變化會因原豆種類而有所不同。

『巴哈咖啡館』的作法是對照作為顏色範本的樣本豆，一一確認顏色、光澤和形狀，當烘焙豆和樣本豆的顏色一致時就停止烘焙。

烘焙豆的降溫

自滾筒取出烘焙好的豆子後，倒入冷卻槽裡邊攪拌邊以風扇強制散熱降溫。為了避免殘留於豆子本身的高溫造成烘焙持續進展，必須盡可能快速冷卻降溫。

○ 烘焙時的「顏色·香味·形狀·聲音」變化範例

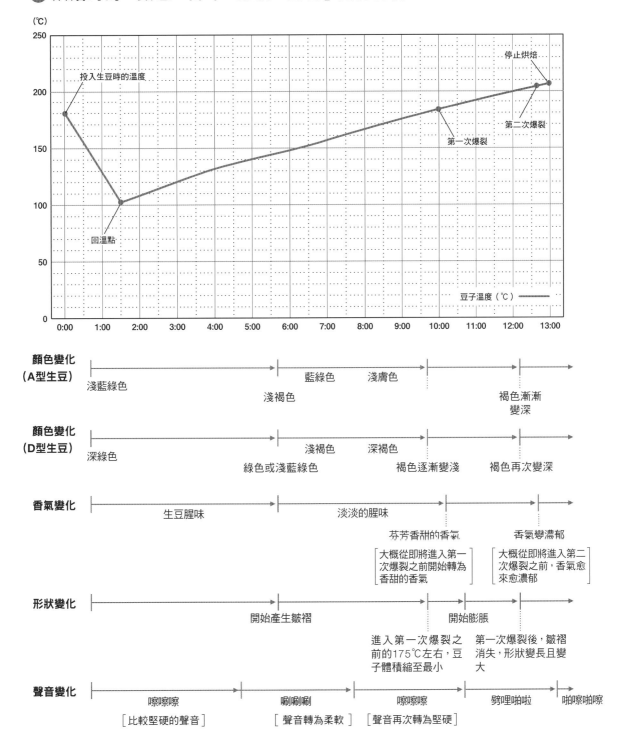

顏色變化（A型生豆）	淺藍綠色 淺褐色	藍綠色 淺膚色		褐色漸漸變深

（℃）投入生豆時的溫度 停止烘焙
第二次爆裂
第一次爆裂
回溫點
豆子溫度（℃）

顏色變化（A型生豆）
淺藍綠色
淺褐色
藍綠色 淺膚色
褐色漸漸變深

顏色變化（D型生豆）
深綠色
綠色或淺藍綠色
淺褐色 深褐色
褐色逐漸變淺
褐色再次變深

香氣變化
生豆腥味
淡淡的腥味
芬芳香甜的香氣
香氣變濃郁
［大概從即將進入第一次爆裂之前開始轉為香甜的香氣］
［大概從即將進入第二次爆裂之前，香氣愈來愈濃郁］

形狀變化
開始產生皺褶
開始膨脹
進入第一次爆裂之前的175℃左右，豆子體積縮至最小
第一次爆裂後，皺褶消失，形狀變長且變大

聲音變化
嚓嚓嚓
唰唰唰
嚓嚓嚓
劈哩啪啦
啪嚓啪嚓
［比較堅硬的聲音］
［聲音轉為柔軟］
［聲音再次轉為堅硬］

② 製作最佳烘焙豆樣本

從一連串的烘焙過程中製作最佳烘焙豆樣本

烘焙過程中如何判斷停止烘焙的時間點呢？通常都是對照各生豆品牌提供的樣本豆。這些樣本豆是判斷停止烘焙時間點的「顏色」範本。

有些烘豆師是憑「差不多這個時候」的感覺來判斷停止烘焙的時間點。但人類的感覺並不可靠，通常會在比較過樣本豆之後才發現有烘焙度過深或過淺的情況。基於這個緣故，我們需要事先製作判斷停止烘焙時間點的樣本豆。

在『巴哈咖啡館』中，製作樣本豆也是練習烘焙的一個重要環節，通常會依以下順序製作樣本豆。

◯ 『巴哈咖啡館』的停止烘焙時間點專用樣本豆

（使用「名匠5」烘豆機，生豆量3kg）

① 準備作為停止烘焙時間點樣本豆的生豆，然後進行烘焙作業。

② 第一次爆裂結束前～深度烘焙之間，每隔15分鐘用取樣匙自滾筒中取出幾顆豆子。盡可能由2個人共同作業，1個人自滾筒中取出豆子，另外1個人記錄當時的烘焙溫度與時間。

③ 使用吹風機或扇子盡快幫取出的豆子降溫。

④ 將每隔15分鐘取出的豆子一字排開。依豆子的顏色由淺褐色至深褐色的順序排列。

⑤ 豆子顏色、皺褶、膨脹程度、烘焙溫度和烘焙時間等都是判斷依據，仔細為各個烘焙度（淺度‧中度‧中深度‧深度）挑選出最適合的樣本豆。

這項作業有助於進行烘焙的同時，仔細觀察豆子顏色、皺褶和膨脹程度的變化，這對剛開始學習烘焙的人來說，是個非常值得參考的作業過程。

P58就是依據上述作業所挑選出來的淺度烘焙2階段、中度烘焙2階段、中深度烘焙2階段、深度烘焙2階段的樣本豆。

淺度烘焙1

淺度烘焙2

中度烘焙3

中度烘焙4

中深度烘焙5

中深度烘焙6

深度烘焙7

深度烘焙8

1

陳列在『巴哈咖啡館』烘焙工廠層架上的烘焙樣本豆。烘焙豆全都經由杯測作業確認過味道，選取部分好的烘焙豆作為樣本豆以淘汰舊的樣本豆。隨時將樣本豆汰舊換新。這是對本店的咖啡瞭若指掌，而且技術熟練的烘豆師才做得到的事。

2

停止烘焙之前的情景。燈光照明、烘豆師的手（軟木塞板）、烘豆師的雙眼三者形成一個三角形的基本姿勢。除了對照烘焙豆和樣本豆的顏色外，還要確認豆子表面的皺褶、顆粒膨脹程度、香氣、爆裂聲等。

3

烘焙溫度只要相差1℃，豆子顏色就會明顯不同。在完全習慣烘焙作業之前，頻繁自滾筒中取出豆子，仔細觀察顏色和形狀的變化。

練習掌控停止烘焙時間點

◯ 『巴哈咖啡館』採取的掌控停止烘焙時間點的練習方法

停止烘焙是決定咖啡「味道重現」時一個非常重要的步驟。

『巴哈咖啡館』所採取的掌控停止烘焙時間點的練習方法是，第一輪和第二輪的兩階段式。

第一輪是4階段烘焙度，第二輪是8階段烘焙度。

第一輪	淺度烘焙、中度烘焙、中深度烘焙，停止烘焙。
第二輪	淺度烘焙1‧2、中度烘焙3‧4、中深度烘焙5‧6、深度烘焙7‧8，停止烘焙。

◯ 各烘焙度的停止烘焙基準

下表為各烘焙度的停止烘焙基準。希望大家根據這個基準，並帶著心中的一把測量尺，努力練習發掘美味的咖啡。

淺度烘焙	第一次爆裂結束後～即將進入第二次爆裂前。
中度烘焙	剛進入第二次爆裂，發出細微劈哩啪啦的聲音。自冷卻槽取出後，爆裂聲立即消失。
中深度烘焙	第二次爆裂中，發出巨大爆裂聲～爆裂聲達到頂點。肉眼看得出豆子明顯膨脹的狀態。
深度烘焙	自第二次爆裂達頂點開始。咖啡豆開始出油，視出油情況決定停止烘焙的時間點。

第6章
烘焙練習 1

～使用「名匠5」烘豆機的基本烘焙～

Kaffee

「名匠5」烘豆機

半熱風式烘豆機

「名匠5」烘豆機的操作方式很簡單，只要啟動風門等排氣裝置，機器本身會自動校正調整。而決定停止烘焙時間點則是手動，由烘豆師自行操作。

舉例來說，預計烘豆溫度達多少℃後開啟多大程度的風門，只要透過控制面板上的觸控式液晶螢幕輸入這些數值，「名匠5」烘豆機就會自動控制並調節投入生豆至第二次爆裂之前這段期間的排氣。接下來可以改為手動，由烘豆師決定打造咖啡味道的重要「停止烘焙時間點」。

烘焙過程中需要的資訊，也都可以經由觸控式液晶螢幕進行確認。烘焙溫度、排氣溫度、烘焙時間等全部數據化並顯示在螢幕中。

由於烘焙和冷卻的排氣是各自獨立，如果有2個集塵器的話（可自行選擇），就可以冷卻的同時繼續進行下一次烘焙。排氣量的調節由排氣風扇的馬達轉速控制。另一方面「名匠5」烘豆機配有副風門（咖啡液香氣計），能夠應付大量批次到微批次的咖啡豆烘焙。

○「名匠5」烘豆機

下豆操縱桿
設計成拉起操縱桿後
會自動關閉的構造，
能夠避免作業中的粗
心大意造成失誤。

控制面板
液晶螢幕顯示內容包
含烘焙ON・OFF鍵、
冷卻ON・OFF鍵、緊
急滅火鍵、電源鍵、
火排點火鍵。

咖啡液香氣計
副風門。這是「名匠」
烘豆機的獨創功能。

瓦斯壓力調節器
可以隨時調整瓦斯壓
力。

瓦斯開關桿

觀察窗
用以確認火力大小。

集塵盒
集中收集烘豆過程中
自生豆剝落的銀皮、
粉塵等。

瓦斯壓力表

取樣匙

排氣管
將廢氣排放至烘焙室
外面的管子。

置豆槽
投入生豆的地方。

照明燈
使用取樣匙自滾筒中
取出烘焙中的豆子，
並和樣本豆進行對
照，有清楚的照明才
能精準比較。

觀豆窗

出豆門板

冷卻槽
用於冷卻自滾筒中取
出的烘焙豆。

烘焙豆下豆口
設計成開啟後會自動
關閉的構造，能夠避
免作業中的粗心大意
造成失誤。

② 使用「名匠5」烘豆機 進行烘焙

學習「名匠5」烘豆機的基本操作

「名匠5」烘豆機的生豆容量是5kg。接下來依序為大家介紹基本烘焙的基本操作方式（最後也收錄生豆量1kg、3kg的設定數據和烘焙數據供大家參考）。

○「名匠5」烘豆機的基本烘焙

以下按照基本烘焙（生豆量5kg）的步驟依序為大家解說（步驟前方有 ※ 符號代表有照片可供參考）。

○ 基本烘焙　設定數據

生豆投入溫度	180℃
風扇全速運轉2000rpm	4分00秒～5分00秒
燜蒸	800rpm（轉速 ※）
第一次爆裂	1100rpm、184℃
第二次爆裂	1300rpm、200℃
咖啡液香氣計	7
瓦斯壓力	1.2kPa（千帕）

※rpm是指抽風馬達每分鐘的轉速。

❶ 事前檢查確認

確實檢查烘豆機各個銜接部位（瓦斯、電源）和開啟·關閉部位，並且經由液晶顯示螢幕設定排氣和溫度。

步驟

- ※ **1** 將烘豆機的電源插頭插入插座中，開啟控制面板的電源。
- ※ **2** 點選「烘焙」鍵。這時滾筒馬達和排氣風扇馬達開始運轉，請透過聲音確認是否正常運作。
- ※ **3** 確認液晶螢幕上的顯示是否正確。
- **4** 打開照明燈。
- ※ **5** 確認生豆是否倒入置豆槽中。
- **6** 確認取樣匙確實插入烘豆機中。
- **7** 檢查出豆門板（前板）是否確實關閉。
- **8** 檢查冷卻槽的烘焙豆下豆口是否確實關閉。
- **9** 確認集塵盒是否關閉。
- **10** 確認瓦斯開關桿是否位於「關閉」狀態。
- **11** 確認瓦斯壓力調節器是否位於「關閉」狀態。
- **12** 確認瓦斯壓力表的刻度指針是否歸「0」。
- **13** 將咖啡液香氣計設定為「7」。
- ※ **14** 透過液晶螢幕設定排氣、溫度等。

步驟 1 2 3

開啟控制面板的電源後，液晶螢幕上顯示各種數據。點選左下角的烘焙鍵，滾筒和排氣風扇馬達即開始運轉。

步驟 5

置豆槽側邊有面鏡子，可以透過鏡子確認置豆槽內部情形。

步驟 14-1

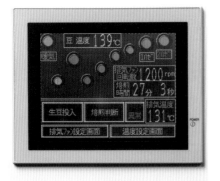

液晶螢幕控制面板的初始畫面。畫面上顯示從暖機到第二次爆裂的所有工程（畫面上有9個不同顏色的圈圈）。設定好暖機、投入生豆、第一次爆裂、第二次爆裂（切換成手動）的排氣與溫度後，警示器會於各設定時間點發出聲響。

步驟 14-2

排氣風扇轉速的設定畫面。電腦感應設定的烘焙溫度，並且進入自動控制模式。按照「風扇全速運轉時間點（去銀皮後全速運轉2000rpm）」4分00秒、「燜蒸轉速」800rpm、「第一次爆裂轉速」1100rpm、「第二次爆裂轉速」1300rpm、「手動設定轉速」1300rpm逐一設定。

步驟 14-3

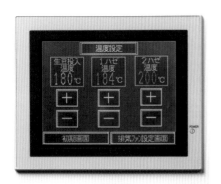

溫度設定畫面。按照「生豆投入溫度」180℃、「第一次爆裂溫度」184℃、「第二次爆裂溫度（切換成手動）」200℃逐一設定。

用手指一一進行事前檢查與確認，有助於避免設定與操作上的疏失。

❷ 預熱（暖機運轉）

　烘焙溫度要達到200℃或排氣溫度要達到275℃，必須以瓦斯壓力1.2kPa的火力、1300rpm的排氣轉速進行15～20分鐘的暖機作業（時間內未能達到規定溫度的話，表示火力太弱）。

※「名匠5」烘豆機的特色是暖機運轉沒有完成之前，無法進入正式的烘豆模式。另外，達到各設定溫度時，警示器會發出聲響。

步驟

※ **1** 利用瓦斯開關桿打開瓦斯總開關。

※ **2** 啟動「點火」鍵，按鍵鈕閃爍代表成功點火，接著確認所有火排都成功點燃。如果無法點燃，則透過暫時阻斷烘豆機內部空氣的方式來點火。而最安全的阻斷空氣流動的方法是調節咖啡液香氣計。關閉咖啡液香氣計（設定為「1」）就能阻斷空氣。數秒之後再將咖啡液香氣計調回「7」。

※ **3** 調整瓦斯壓力調節器，將瓦斯壓力設定在1.2kPa。開始進入暖機作業。

4 在排氣風扇轉速設定畫面中（P68步驟14-2），將「手動設定轉速」設定為1300rpm。

5 烘焙溫度達200℃時，警示器響起，將瓦斯壓力調節器轉至「關閉」狀態即可關火。同時將排氣轉速提高至2000rpm以上（操作「手動設定轉速」）。

6 烘焙溫度下降至140℃時，警示器響起。將排氣轉速調回1300rpm（操作「手動設定轉速」）。

步驟 **1** **2**

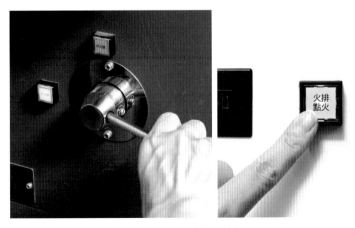

利用瓦斯開關桿打開瓦斯總開關，啟動「點火」鍵。

操作瓦斯壓力調節器,將瓦斯壓力設定為
1.2kPa。

❸ 投入生豆

透過液晶螢幕控制面板,事前將投入生豆的溫度設定在180℃。

瓦斯壓力1.2kPa使滾筒溫度再次上升,達180℃後投入生豆並開始進行烘焙作業。

投入生豆後的瓦斯壓力為1.2kPa。

步驟

※ **1** 啟動「點火」鍵,確認所有火排是否點燃,然後將瓦斯壓力設定在1.2kPa。

※ **2** 將生豆投入置豆槽中。

※ **3** 烘焙溫度達180℃時,警示器響起,螢幕上的「投入生豆」按鍵亮起藍燈後即可
投入生豆。點選螢幕上的「投入生豆」鍵後,時間開始重新計數,排氣風扇自動
運轉至設定值。

※ **4** 將瓦斯壓力設定為1.2kPa。

步驟 1

將瓦斯壓力設定為1.2kPa。

步驟 2

將生豆放入置豆槽中。

步驟 3-1

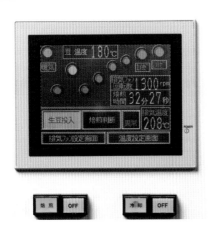

烘焙溫度達180℃時,警示器響起,螢幕上的「投入生豆」按鍵亮起藍燈。

步驟 3-2

點選螢幕上的「投入生豆」鍵,時間開始重新計數(烘焙時間從0分0秒開始)。接著手動將排氣轉速從1300rpm切換成800rpm。

步驟 4

以瓦斯壓力1.2kPa的火力烘焙生豆。

❹ 烘焙過程中的各項作業

事前透過液晶螢幕控制面板設定排氣和溫度。

排氣方面的設定為「風扇全速運轉時間點」為4分00秒,「燜蒸轉速」為800rpm、「第一次爆裂轉速」為1100rpm、「第二次爆裂轉速」為1300rpm、「手動設定轉速」1300rpm。風扇全速運轉時間點設定為自4分00秒起持續1分鐘。

溫度設定方面,「第一次爆裂溫度」為184℃,「第二次爆裂溫度(切換為手動)」為200℃。

在達到「第二次爆裂溫度」設定值之前,機器自動調整排氣,所以在這段期間內必須確認排氣風扇的轉速是否正常運作。

步驟

※ **1** 確認回溫點(檢查數值是否正常)。

※ **2** 確認「風扇全速運轉」(去銀皮後全速運轉,2000rpm,4分00秒～5分00秒)。

※ **3** 達到第一次爆裂溫度設定值(烘焙溫度184℃),警示器響起,確認排氣風扇轉速上升。

※ **4** 達到第二次爆裂溫度設定值(烘焙溫度200℃),警示器響起,初始畫面中的「烘焙中」按鍵燈亮起,輕觸這個按鍵即可解除自動改為手動。

步驟 **1**

確認回溫點。在投入生豆至達到第二次爆裂
溫度設定值(烘焙溫度200℃)之間,螢幕
上的「投入生豆」按鍵燈會亮起。

步驟 2

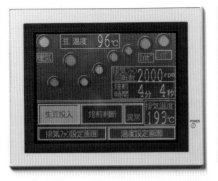 

左側為風扇全速運轉（排氣風扇轉速2000 rpm），右側為風扇全速運轉結束後（排氣風扇轉速800 rpm）。

步驟 3

手順 4

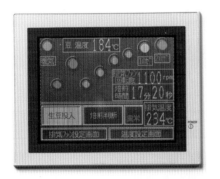

達到第一次爆裂溫度設定值（烘焙溫度184℃）時，警示器響起，排氣風扇轉速上升至1100 rpm。

達到第二次爆裂溫度設定值（烘焙溫度200℃）時，警示器響起，排氣風扇轉速上升至1300 rpm。輕觸液晶螢幕控制面板（初始畫面）上的「烘焙中」按鍵即可解除自動改為手動。

⑤ 停止烘焙

使用取樣匙自滾筒中取出烘焙中的豆子進行對照確認，當顏色和樣本豆一致時即可停止烘焙。

⑥ 出豆・冷卻

自滾筒中取出烘焙豆進行冷卻作業。這項作業必須盡量迅速確實。

步驟

1 輕觸控制面板上的「冷卻」鍵。冷卻槽裡的攪拌機葉輪開始轉動。

2 打開烘豆機的前板取出烘焙豆。全數取出後關閉前板。

3 將瓦斯壓力調節器轉至「關閉」狀態即可關火。

※ **4** 在冷卻槽中攪拌烘焙豆使其降溫。

※ **5** 冷卻作業結束後，將烘焙豆倒入專用籠中。

步驟 **4**

烘焙豆冷卻中的情景。

步驟 **5**

冷卻作業結束後，將烘焙豆倒入專用籠中。

⑦ 準備下一次的烘焙作業

烘焙溫度降至140℃以下的話，再次點火，達到設定的投入生豆溫度後再開始進行下一次的烘焙作業。

○ 基本烘焙　生豆量5kg　烘焙數據

	回溫點	第一次爆裂	第二次爆裂	停止時間
時　間	2分04秒	17分55秒	21分05秒	21分54秒
烘焙溫度	78℃	188℃	204℃	208℃
排氣溫度	188℃	237℃	251℃	252℃

○ 「名匠5」烘豆機生豆量3kg、1kg 的設定數據和烘焙數據

生豆量3kg　設定數據

投入生豆的溫度	180℃
風扇全速運轉2000rpm	4分00秒～5分00秒
燜蒸	800rpm
第一次爆裂	1100rpm、184℃
第二次爆裂	1300rpm、200℃
咖啡液香氣計	7
瓦斯壓力	0.9kPa

生豆量3kg　烘焙數據

	回溫點	第一次爆裂	第二次爆裂	停止時間
時　間	1分47秒	13分40秒	17分15秒	17分48秒
烘焙溫度	87℃	187℃	204℃	207℃
排氣溫度	189℃	223℃	231℃	233℃

生豆量1kg　設定數據

投入生豆的溫度	180℃
風扇全速運轉2000rpm	3分30秒～4分30秒
燜蒸	800rpm
第一次爆裂	1000rpm、180℃
第二次爆裂	1200rpm、196℃
咖啡液香氣計	7
瓦斯壓力	0.6kP

生豆量1kg　烘焙數據

	回溫點	第一次爆裂	第二次爆裂	停止時間
時　間	1分40秒	10分30秒	14分10秒	14分54秒
烘焙溫度	113℃	182℃	199℃	203℃
排氣溫度	186℃	213℃	217℃	218℃

生豆烘焙容量10kg的「名匠10」烘豆機（如照片所示）和「名匠5」具備相同功能，差別只在於滾筒容量。

生豆烘焙容量20kg的「名匠20」烘豆機也和「名匠5」、「名匠10」具備相同功能，但「名匠20」的最大特色在於烘焙數據的蒐集·活用、烘焙狀況可視化等資訊取得功能的再提升。另外，搭配溫度管控軟體「Schreiber」內建新型控制面板，這些都有助於提升烘焙豆的生產率與味道重現性，是目前最新型的機種。

杯測

檢測烘焙豆的品質

　　烘焙完成的咖啡豆，通常必須經由杯測作業來進行味道的確認。杯測常用的方法是浸泡式萃取，但『巴哈咖啡館』採用濾紙式沖泡法，以平時提供給客人飲用的咖啡進行杯測。

　　另一方面，『巴哈咖啡館』只由具備高級烘焙技術的店長、副店長，以及老闆進行杯測，這是為了更精準地確認味道，以期提供客人最穩定的咖啡品質。

⚫ 杯測時所需用具

準備烘焙豆、研磨後的咖啡粉、咖啡粉萃取而成的咖啡、杯測用湯匙等用具。

○ 杯測步驟

步驟 1

聞一下咖啡粉的香味，確認咖啡豆是否散發香氣（是否烘焙出香氣）。

步驟 2

舀起一匙咖啡液，舀取量要固定。咖啡液中包含味道和香氣等構成成分。

步驟 3

啜吸咖啡並在口中使咖啡液霧化，這是為了讓咖啡能夠遍布在整個舌頭上，確實感受咖啡所具有的各種味道、香氣等元素。

『巴哈咖啡館』烘焙工廠裡每天進行烘焙和杯測作業。一個月的烘焙量可達2～3噸。

第7章
烘焙練習 2
～使用「名匠 2.5」的基本烘焙～

「名匠2.5」烘豆機

半熱風式烘豆機（手動類型）

　「名匠2.5」烘豆機（生豆烘焙容量2.5kg）從控制面板到集塵器都是一體成型，能夠擺放在較為狹小的空間裡。由於配備專用腳輪，設置或移動時都非常方便。操作方式完全為手動，能夠進行少量的生豆烘焙。

　排氣方面分為「烘焙」和「冷卻」兩種模式，必須於切換後使用（烘焙時無法進行冷卻，冷卻中無法進行烘焙）。透過控制排氣風扇馬達的轉速以調整排氣量。另外也配備副風門（咖啡液香氣計）裝置。

⚫「名匠2.5」控制面板

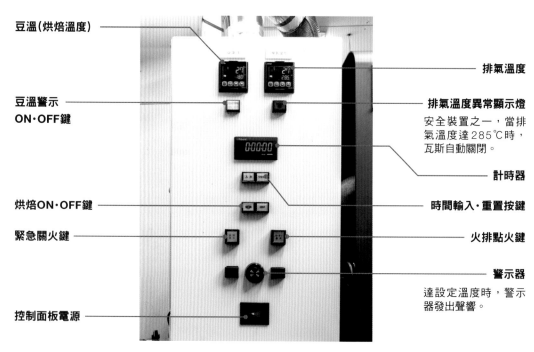

豆溫（烘焙溫度）

豆溫警示
ON·OFF鍵

烘焙ON·OFF鍵

緊急關火鍵

控制面板電源

排氣溫度

排氣溫度異常顯示燈
安全裝置之一，當排氣溫度達285℃時，瓦斯自動關閉。

計時器

時間輸入·重置按鍵

火排點火鍵

警示器
達設定溫度時，警示器發出聲響。

○「名匠2.5」烘豆機

排氣管
將廢氣排放至烘焙室外面的管子。

下豆操縱桿
開關生豆投入口的操縱桿。

控制面版

咖啡液香氣計
副風門。這是「名匠」烘豆機的獨創功能。

取樣匙

瓦斯壓力表
顯示當時瓦斯壓力。

排氣風扇
（變頻排氣馬達）
利用轉盤調整馬達轉速以調節排氣量。

瓦斯壓力調節桿
開關瓦斯，設定瓦斯壓力。

擺放桶裝瓦斯的空間
使用天然瓦斯或桶裝瓦斯。控制面板下方有專門擺放桶裝瓦斯（8kg以下）的空間。

置豆槽
投入生豆的地方。

照明燈
使用取樣匙自滾筒中取出烘焙中的豆子，並和樣本豆進行對照，有清楚的照明才能精準比較。

觀豆窗

出豆門板

冷卻槽
用於冷卻自滾筒中取出的烘焙豆。進行冷卻作業時，將排氣從「烘焙」切換至「冷卻」。

烘焙豆下豆口

集塵盒
集中收集烘豆過程中自生豆剝落的銀皮、粉塵等。

觀察窗
用以確認火力大小。

使用「名匠2.5」烘豆機進行烘焙

學習「名匠2.5」烘豆機的基本操作

「名匠2.5」烘豆機的生豆烘焙容量是2.5kg。接下來依序為大家介紹基本烘焙的基本操作方式（最後也收錄生豆量1kg的設定數據和烘焙數據供大家參考）。

○「名匠2.5」烘豆機的基本烘焙

以下按照基本烘焙（生豆量2.5kg）的步驟依序解說烘焙順序（步驟前方有※符號代表有照片可供參考）。

○ 基本烘焙　設定數據

生豆投入溫度	180℃
風扇全速運轉1600rpm	4分00秒～5分00秒
燜蒸	800rpm
第一次爆裂	1100rpm、182℃
第二次爆裂	1300rpm、202℃
咖啡液香氣計	7
瓦斯壓力	1.3kPa

❶ 事前檢查確認

　　確實檢查烘豆機各個銜接部位（瓦斯、電源）和開啟・關閉部位，事先設定好烘焙溫度、排氣溫度、排氣轉速。

步驟

※ **1**　將烘豆機的電源插頭插入插座中，開啟控制面板的電源。

※ **2**　打開照明燈。

※ **3**　確認生豆投入口（置豆槽開關處）是否關閉。

※ **4**　確認取樣匙確實插入烘豆機中。

※ **5**　檢查出豆門板（前板）是否確實關閉。

※ **6**　將冷卻槽切換至「烘焙」側。

※ **7**　檢查冷卻槽的烘焙豆下豆口是否確實關閉。

※ **8**　確認集塵盒是否關閉。

※ **9**　確認瓦斯壓力調節桿位於「關閉」狀態。

※ **10**　確認瓦斯壓力表的刻度指針是否歸「0」。

※ **11**　將咖啡液香氣計設定為「7」。

※ **12**　設定烘焙溫度為180℃，並開啟豆溫警示「ON」的狀態（設定溫度達180℃時發出聲響）。

※ **13**　設定排氣溫度為285℃。

※ **14**　設定排氣轉速為800rpm左右。

※ **15**　點選計時器的「重置」鍵。

※ **16**　點選「烘焙」鍵。

步驟 1

按下控制面板的電源，按鍵自然亮燈。

步驟 2

打開照明燈。

開關生豆投入口的操縱桿。移動操縱桿以確認投入口的開與關。

確認取樣匙確實插入烘豆機,以及前板確實關閉。打開前板的話,千萬別忘記關上。

冷卻槽。照片左側為「烘焙」,右側為「冷卻」。

烘焙豆下豆口的門板為上下拉動式。

Advice

專注力非常重要

烘焙作業是否順利,取決於重要的專注力。烘焙者的健康狀態、精神狀態會反應在烘焙作業上。為了常保健康的身心狀態以專注在烘焙上,務必做好自身管理。

步驟 8

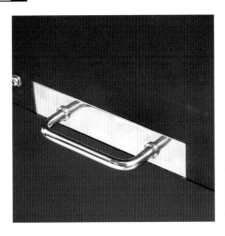

集塵盒未確實關閉，空氣會從這裡跑進去，進而影響烘焙品質。烘豆時務必事先關閉集塵盒。

步驟 9

瓦斯壓力調節桿位於「全關閉」狀態。

步驟 10

瓦斯壓力指針位於「0」的狀態。

步驟 11

咖啡液香氣計共有10個刻度，從閉→開的中間共有10個數字，數字小代表排氣口關閉，數字大代表排氣口打開。一般進行烘焙時，請調整至「7」的刻度。

豆溫

顯示豆子溫度（烘焙溫度）。上方（紅色字）為烘焙溫度，下方（綠色字）為設定溫度。點選下方按鍵，將烘焙溫度設定為180℃。

豆溫警示器
ON-OFF

豆溫警示按鍵。當溫度達到設定好的烘焙溫度時，豆溫警示器會發出聲響。按下按鍵且亮燈時，代表警示器啟動位於「ON」的狀態。警示器響起時，再次按下按鍵（OFF狀態），警示器燈滅。

排氣溫度

顯示排氣溫度。上方（紅色字）為烘焙中的排氣溫度，下方（綠色字）為設定溫度。

操作右側的轉盤，將排氣轉速（排氣風扇）設定在800rpm左右。rpm為抽風馬達每分鐘運轉速度，烘焙時設定為1600rpm，冷卻時設定為3300rpm。

步驟 15

按下計時器「重置」鍵，數字顯示為「0：00：00」。

步驟 16

按下「烘焙」鍵且亮燈時，代表目前為烘焙中狀態。

② 預熱（暖鍋）

　　進行第一鍋烘焙作業時，倒入生豆之前先暖鍋。將烘焙溫度設定在180℃，以瓦斯壓力1.2kPa的火力、800rpm的排氣轉速進行15～20分鐘的暖鍋作業（時間內未能達到規定溫度的話，表示火力太弱）。

步驟

※ **1** 稍微打開瓦斯壓力調節桿，按下「火排」點火鍵。確認所有火排都成功點燃，如果無法點燃，則透過暫時阻斷烘豆機內部空氣的方式來點火。而最安全的阻斷空氣流動的方法是調節咖啡液香氣計。關閉咖啡液香氣計（設定為「1」）就能阻斷空氣。數秒之後再將咖啡液香氣計調回「7」。

※ **2** 操作瓦斯壓力調節桿，將瓦斯壓力設定為1.2kPa。

※ **3** 按下計時器「輸入」按鍵（開始計時）。

※ **4** 溫度達180℃，警示器發出聲響（烘焙溫度180℃），將瓦斯壓力調節桿轉至「全關閉」狀態並關火，排氣轉速拉至2000rpm。按下豆溫警示器按鍵，關掉警示器。

※ **5** 烘焙溫度下降至140℃時，將排氣轉速調整回800rpm。

步驟 1

打開瓦斯壓力調節桿，按下「火排點火」鍵。

步驟 2

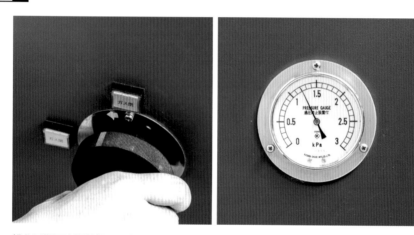

操作瓦斯壓力調節桿，設定為1.2kPa。

步驟 3

按下計時器「輸入」鍵，開始
計時。進行15～20分鐘的暖鍋
作業。

步驟 4

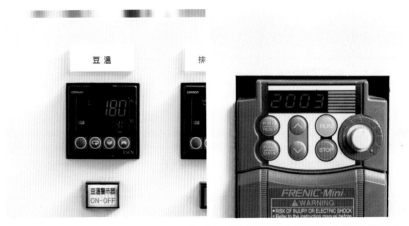

達到烘焙溫度180℃，暖鍋作業結束（將瓦斯壓力調節器轉至「關閉」狀態即可關火），
排氣轉速提升至2000rpm。

步驟 5

烘焙溫度下降至140℃時，將排氣轉速調整回800rpm。

❸ 投入生豆

暖機時的瓦斯壓力為1.2kPa，但開始要投入生豆時改設定為1.3kPa。以1.3kPa的瓦斯壓力再次提高滾筒內的溫度，當烘焙溫度達180℃後即可開始將生豆投入烘豆機中。

步驟

※ **1** 稍微打開瓦斯壓力調節桿，按下「火排」點火鍵，確認所有火排都成功點燃，然後再將瓦斯壓力設定為1.3kPa。

2 設定溫度達180℃時，警示器發出聲響。

※ **3** 將生豆放入置豆槽中。

4 溫度達180℃時，警示器發出聲響（烘焙溫度180℃），接著將生豆投入烘豆機中。

※ **5** 按下計時器的「重置」鍵，接著再按下「輸入」鍵。

6 按下豆溫警示器鍵，顯示為ON狀態（設定溫度達182℃時，警示器會發出聲響）。

步驟 1

操作瓦斯壓力調節桿，設定為1.3kPa。

步驟 3

將生豆放入置豆槽中。

步驟 5

按下計時器的「重置」鍵，接著按下旁邊的「輸入」鍵，開始計時。

❹ 烘焙過程作業

　　確認投入生豆後的回溫點。若和平時的回溫點有差距，必須調整火力、排氣或烘焙時間等其中一項。

　　開始烘焙的4分鐘後，排氣轉速上升至1600rpm左右，並且開始排出銀皮等粉塵。1分鐘後，排氣轉速恢復至800rpm左右。

　　第一次爆裂之前，豆子體積收縮到最小，然後慢慢變硬且表面皺褶開始拉長。不久後即出現劈哩啪啦聲響，烘焙溫度達182℃左右時，正式進入第一次爆裂。由於豆子開始冒出揮發性成分和煙霧，所以要將排氣轉速提升至1100rpm。

　　過了一會，滾筒內發出啪嚓啪嚓的聲音，烘焙溫度達202℃左右時，開始進入第二次爆裂。由於豆子冒出的煙霧更大，必須將排氣轉速繼續提升至1300rpm左右。

　　第二次爆裂的最高峰，從發出巨大爆裂聲～爆裂聲達到頂點時，大約是中深度烘焙的程度。之後豆子表面浮現油脂，這時大概是深度烘焙的程度。

Advice

單純失誤造成重大意外

為了讓大家容易理解，這裡以相機為例向大家說明。以前還是使用底片相機的時候，最常見的失誤是底片填裝方式錯誤。問題並非出在困難的拍照技術，而是單純的失誤造成無可彌補的失敗。烘焙也是同樣道理。例如，咖啡豆夾在下豆口……之類的。務必多留意一些很單純的粗心大意，方能避免難以挽回的意外事件。

步驟

※ **1** 確認回溫點（檢查數值是否有異常）。

※ **2** 開始烘焙的4分00秒後，排氣轉速提升至「全面去除銀皮（1600rpm）」。持續運轉1分鐘至5分00秒。

※ **3** 5分00秒時，排氣轉速恢復至800rpm左右。

※ **4** 溫度達182℃，警示器發出聲響後（烘焙溫度182℃），將排氣轉速提升至「第一次爆裂排氣轉速（約1100rpm）」。關掉警示器，重新設定達202℃時再次發出聲響（豆溫警示器ON，設定烘焙溫度為202℃）。

※ **5** 溫度達202℃，警示器發出聲響後（烘焙溫度202℃），將排氣轉速提升至「第二次爆裂排氣轉速（約1300rpm）」。關掉警示器。

步驟 1

確認回溫點。

步驟 2

開始烘焙的4分鐘後，排氣轉速提升至1600rpm。

步驟 3

5分鐘後，排氣轉速恢復至800rpm左右。

步驟 4

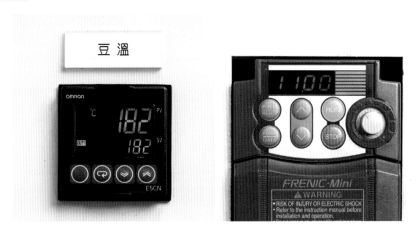

烘焙溫度達182℃，排氣轉速提升至1100rpm左右。

步驟 5

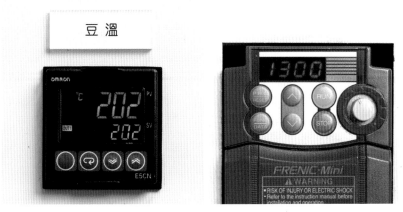

烘焙溫度達202℃，排氣轉速提升至1300rpm左右。

⑤ 停止烘焙・出豆

　使用取樣匙自滾筒取出烘焙中的豆子，放在軟木塞板上和樣本豆進行對照。在顏色和樣本豆最一致時將豆子取出來。

使用取樣匙自滾筒取出豆子進行確認。

放在軟木塞板上和樣本豆進行對照。

⑥ 冷卻

　自滾筒中取出烘焙豆進行冷卻作業。這項作業必須盡量迅速確實。

步驟

※ **1** 將冷卻槽轉至「冷卻」側。

※ **2** 打開烘豆機前板，取出烘焙豆。

※ **3** 將排氣轉速提升至3300 rpm左右。

※ **4** 將瓦斯壓力調節桿轉至「全關閉」狀態（關火）。

※ **5** 攪拌烘焙豆使其降溫。

※ **6** 將烘焙豆倒入專用籠中。

將冷卻槽轉至「冷卻」側。

打開烘豆機前板,取出烘焙豆。取出所有豆子後,確實關閉前板。

排氣轉速提升至3300 rpm左右。

將瓦斯壓力調節桿轉至「全關閉」狀態。

用攪拌刮刀等攪拌自滾筒中取出的烘焙豆,使其快速降溫。

烘焙豆降溫後倒入專用籠中。

⑦ 準備下一次的烘焙作業

烘焙溫度降至140℃以下的話，再次點火，達到設定的投入生豆溫度後再開始進行下一次的烘焙作業。

◯ 基本烘焙　生豆量2.5kg　烘焙數據

	回溫點	第一次爆裂	第二次爆裂	停止時間
時　間	1分45秒	16分40秒	19分55秒	20分25秒
烘焙溫度	89℃	187℃	207℃	210℃
排氣溫度	177℃	228℃	237℃	238℃

◯「名匠2.5」烘豆機生豆量1kg的設定數據和烘焙數據

設定數據

投入生豆的溫度	180℃
風扇全速運轉1600rpm	3分30秒～4分30秒
燜蒸	800rpm
第一次爆裂	1000rpm、180℃
第二次爆裂	1200rpm、200℃
咖啡液香氣計	7
瓦斯壓力	1.0kPa

烘焙數據

	回溫點	第一次爆裂	第二次爆裂	停止時間
時　間	1分36秒	10分50秒	14分05秒	14分37秒
烘焙溫度	104℃	182℃	204℃	208℃
排氣溫度	193℃	228℃	234℃	235℃

精進烘焙技術的訣竅

　　熟悉烘焙作業後，再階段性地逐項改變火力、排氣等設定，嘗試各種不同方式的烘焙作業。透過各種嘗試，從中發現大於・小於設定值時各會有什麼樣的烘焙差異，藉此深入了解「火力與排氣之間的關係」，進一步精進自己的烘焙技術。

　　真正開始烘焙之後，肯定會陸續遇到各式各樣的疑難雜症，但千萬不要害怕退縮，要一一驗證自己的想法和嘗試各種問題的解決方法，並且透過每一次的杯測確認烘焙豆的味道。『巴哈咖啡館』就是像這樣不斷重覆相同的作業，才有如今專屬於『巴哈咖啡館』的烘焙技術和「名匠」烘豆機的完美烘焙。

第8章
烘豆機的
維護保養

烘豆機的維護保養、
基本知識

設備維護保養的優劣會影響營業額的多寡

烘豆機的維護保養很重要，因為保養的優劣會大幅影響店裡營業額的多寡。

每天確實進行保養，可以拉長機器設備和道具的使用壽命。不必時常因為無法使用而動不動得添購新設備，這不僅能降低成本，避免不必要的額外花費，還能為店裡創造更多營業額。這些營業額將有助於拉大自家咖啡館和其他店家之間的差距，提升自身在業界的競爭力。

另一方面，確實做好保養工作有助於隨時提供品質穩定的優質咖啡。如此一來，既能累積回頭客，也能安定店裡的經營。

更重要的一點是防患未然，避免大麻煩或意外發生。維護保養不當的話，最糟情況可能會引發火災。為了避免發生重大事故，希望大家確實做好機器設備的維護保養工作。

有計畫地進行保養！

事前安排好維護保養時程，並且有計畫地加以施行，才能獲得事半功倍的成效。首先，我們必須將需要保養的機器設備逐一寫下來。機器設備大小混雜在一起，所以我們必須事先掌握這些機器設備的哪些部分需要保養，又應該怎麼保養。

什麼時候進行維護保養也是一大學問，保養週期因機器設備而異。

有些需要每天保養、有些是每二週一次、每個月一次、每三個月一次、每年一次、每二～三年一次，每個機器設備都有各自的保養週期。而週期也可能因烘焙量的多寡而有所不同，必須一一確認才行。另外，即便同一台烘豆機，各部位的保養週期也不盡相同。部分零件能自行維護，部分零件則需要仰賴專業維

修人員進行保養。

舉例來說，保養烘豆機的心臟部位風門或抽風機時，必須先一一拆解，保養後再重新組裝。這並非我們一般人做得來的工作，因此通常會以每二～三年一次的頻率請專業維修人員進行保養。

我們可以事先將需要保養的零件項目彙整成表格，並且擬定保養時程，然後有計畫地定期進行機器設備的維護保養。為了讓任何人接手後都能順利進行維護保養工作，建議盡可能將這些維護保養數據和資料彙整成手冊。

視情況做正確的事

先前提過要有計畫地進行維護保養，但並不是要大家非得嚴格恪守這個原則不可。如果不太髒，偶爾省略一次也無妨，希望大家視當下情況，有彈性地加以調整。

重要的是自己對於每天所使用的烘豆機的那份愛護心情。極為重視且愛護那台烘豆機的話，無論多忙、多疲憊，也一定會關心烘豆機的狀況而進行檢查。而這個檢查行為，其實非常重要。

檢查後沒有任何問題，當然最好。即便已經來到當初設定的保養週期，也不一定非要進行維護保養不可。但如果檢查後發現異常，即便保養週期未到，也必須立即進行檢修。只要對機器設備充滿關心，自然會知道最合適的維護保養週期。

決定維護保養週期時，務必將以下兩個關鍵要素納入考慮。一個是烘焙量（使用量），一個是烘豆機的類型。

烘豆機大致分為直火式、半熱風式、熱風式三種，機器構造依類型而異，維護保養週期也各有不同。

製造、販售烘豆機的廠商必定會隨機附上保養手冊，請大家使用之前務必詳細閱讀，不懂的地方可以直接請教廠商，確實學會正確的維護保養方式。

◯ 烘焙量

保養週期依烘焙量（使用量）而異。因為烘焙量的多寡和髒汙情況成正比，一開始設定的保養週期終究只是一個依據，應該要視當下情況隨時調整。

◯ 烘豆機類型

烘豆機大致分為直火式、半熱風式、熱風式三種，機器構造依類型而異，維護保養週期和重點也都各有不同。另外，使用的燃料不同也會造成差異，這一點務必列入考慮。

正確烘焙從正確保養開始

對自家烘焙咖啡館來說，烘豆機的維護保養可說是至關重要。唯有正確進行烘豆機的維護保養，才能有正確又美味的烘焙。

「烘焙方式一模一樣，但甜味卻消失了。因為生豆變了嗎？」

「生豆和烘焙方式都沒變，但香氣比以前差一點，這是為什麼呢？」

時常有人問我這樣的問題，我也思考過各式各樣可能的理由，但我發現問題出在烘豆機維護保養上的情況還真是不少。也就是說，我們必須多費點心思在保養上。無法正確進行維護保養的話，烘焙過程會逐漸產生偏差。數年後當偏差愈加顯著，這時才想要挽回已經為時已晚。

烘豆師並非做好烘焙豆子的工作就好，能夠同時做好基礎維護保養，才真正稱得上是獨當一面的烘豆師，希望大家要先有這個認知。

維護保養不當恐釀成意外或大麻煩

舉例來說，軸承上的碎屑沒有清理乾淨，只是不斷添加潤滑脂使其順利運轉，但是，當軸承的縫隙全部塞滿碎屑時，最終結果就是烘焙中運轉中止。

另外，煙道裡面沒有清理乾淨的話，殘留的碎屑恐會著火，不僅造成抽風機毀損，更嚴重的情況下還可能引起火災等重大意外。

即便情況沒那麼嚴重，著火的抽風機也無法再使用，勢必得再重新添購才行，無疑的這又會是一筆額外花費。

需要基本維護保養的元件

接下來為大家列舉幾項需要基本維護保養的元件。烘豆機的構造依類型而略有不同，以下將根據『巴哈咖啡館』所使用的「名匠烘豆機」保養手冊為大家依序介紹（請參考下一頁附圖）。

① 幫軸承添加潤滑脂

② 清理集塵器裡的銀皮

③ 清理集塵盒

④ 清理冷卻槽（任意）

⑤ 清理生豆進豆入口（任意）

⑥ 清理溫度感應器

⑦ 微壓計「歸0」校正

⑧ 清理瓦斯火排

⑨ 擦拭觀豆窗

⑩ 清潔取樣匙

⑪ 清理排氣管

⑫ 打掃抽風機四周

採購烘豆機時，務必確認烘豆機的製造‧販售廠商提供的保養手冊。

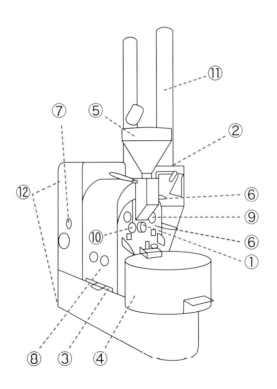

『巴哈咖啡館』烘豆機 的維護保養

　　接下來為大家介紹『巴哈咖啡館』使用的「名匠」烘豆機的維護保養方式。先前稍微提過，維護保養週期（頻率）只是一個依據，實際情況會因烘焙量（使用量）而有所不同。希望大家能經常檢查髒汙情況，並且適時進行維護保養。

⦿ 清理集塵器裡的水槽（每天清理）

清除堆積在水槽內的銀皮（水洗式集塵器）。

⦿ 清理集塵盒（每天清理）

拉出烘豆機的集塵盒，將裡面的銀皮、粉塵等清乾淨。拉出集塵盒後，用吸塵器將卡在內部和縫隙裡的碎屑吸乾淨。清乾淨之後再將集塵盒放回原處。

⚫ 清理集塵器（每天清理）

除了水洗式集塵器外，也有如照片所示的乾式集塵器。由於是抽屜式構造，務必拉出來清理乾淨。

⚫ 清理集塵器（約1～3個月1次）

銀皮附著於內側壁容易造成空氣流動性變差。打開位於圓錐體頂部的檢查口，將觸手可及範圍內的銀皮清理乾淨。烘焙側與排氣側各有一個集塵器，務必同時清理乾淨。如果兩側的集塵器髒汙程度不一致，請確認機器狀態並清理乾淨。

⚫ 擦拭觀豆窗（有髒汙情況時）

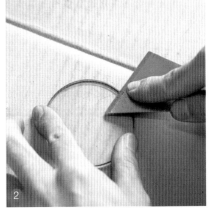

① 鬆開螺絲釘並放入事先準備好的小容器中，可避免不小心弄丟螺絲釘。
② 擦拭清理時，請小心不要弄破玻璃。使用不會刮傷玻璃的清潔工具，細心擦掉髒汙。之後用清水洗滌後再安裝回原處。

◯ 清理生豆進豆入口（約3個月1次）

 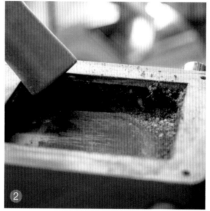

① 鬆開螺絲釘，拆掉置豆槽。慢慢向上抬起就能輕鬆拆掉置豆槽。
② 清除堆積在進豆入口的銀皮。特別留意操縱桿前端和壁面之間可能夾有咖啡豆，請務必清除乾淨。清理乾淨後再次安裝回原處，安裝時留意正確方向。

◯ 清理溫度感應器（約3個月1次）

溫度感應器有2個，一個是豆溫感應器、一個是排氣溫度感應器，需要同時進行清理。稍有怠惰，可能會因為積碳嚴重而無法正確感測溫度。為避免產生誤差，進而影響烘焙，務必隨時檢查並清理乾淨。
① 拔起感應器金屬棒。
② 積碳情況不嚴重時僅擦掉髒汙即可。如果煤碳沾黏且焦黑，就要使用砂紙等除碳，處理過程中小心不要毀損金屬棒。

◯ 清理瓦斯火排等（約2週～至1個月1次）

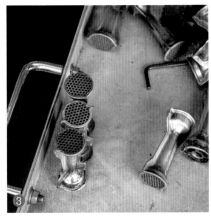
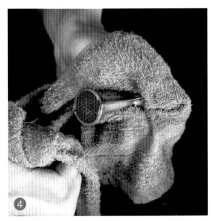

火排上有灰燼或碳垢時，火焰會時而呈紅色，時而呈黃色，這容易導致不完全燃燒，所以務必定期清潔乾淨。

① ② 拆掉兩側螺絲釘，卸下維修孔門板。

③ 將火排上的噴嘴一個一個拆下來。由於碳垢會堵塞瓦斯和空氣進出的火排出口，需要使用刷毛等輕輕處理乾淨，另外也要將火排底下的碎屑清乾淨。

④ 將拆下來的噴嘴清理積碳。清理完後再依序安裝回去，最後再蓋上維修孔門板。

◯ 微壓計「歸0」校正

微壓計於使用多年後，指針刻度會漸漸無法對準在「0」的位置，偏移嚴重時必須進行校正。微壓計後方有個校正用螺絲，使用螺絲起子稍微轉動一下進行「歸0」校正。

○ 幫軸承添加潤滑脂（約3個月1次）

① 拆下2根螺絲釘，取下蓋子。

② 蓋子後面有舊的潤滑脂沾附，請用面紙等擦拭乾淨。

③ 軸承上也有舊的潤滑脂沾附，同樣擦拭乾淨。

④ 在軸承上塗抹耐高溫潤滑脂（廠商建議品牌）。作業完成後，再次蓋上蓋子，恢復原狀。

○ 清理冷卻槽（約每個月1次）

① 卸下冷卻槽。
②③ 清潔冷卻槽的進氣孔，用吸塵器清理乾淨。
④ 清理堆積在冷卻槽下方的銀皮。
請特別留意，長時間不清理容易造成進氣效率變差，冷卻速度變慢。由於冷卻槽緊鄰集塵器，容易堆積銀皮，請務必定期檢查和清理。

○ 清潔取樣匙（約1～3個月1次）

擦拭沾附在取樣匙上的髒汙後拋光處理。先用刮刀去除髒汙，再用砂紙仔細拋光。

◯ 烘焙側排煙管、排氣側排煙管清理（約3個月1次）

烘豆機本體與集塵器的接合部位有烘焙側排煙管和排氣側排煙管之分，兩個排煙管都需要各自拆下來清理。由於排煙管內側容易有銀皮沾附，必須稍微使用鬃刷清潔，然後再用刮刀等清理乾淨。也可以使用沾濕的抹布擦拭排煙管內側的髒汙。但同樣是排煙管，排氣側的髒汙情況更甚於烘焙側，這部分也要時常檢查並加以清理。清理乾淨後再將排煙管安裝回烘豆機本體與集塵器的接合部位。請用耐高溫膠帶確實固定好接合部位。

◯ 清理烘焙側排煙管和排氣側排煙管的接合部位 （約3個月1次）

拆下排煙管，清潔烘豆機本體部分。以同樣方式清潔集塵器與排煙管的接合部位。

◯ 烘焙測試

維護保養結束後，將所有元件確實安裝回原處，然後進行烘焙測試。這時候使用一些準備丟棄的生豆就可以了。依序進行淺度至深度烘焙，並且確認烘焙情況是否正常。

特別附錄

烘豆實戰報告
『巴哈咖啡館』的
烘焙練習所要
傳遞的重要訊息。

透過『巴哈咖啡館』的烘焙練習，
為大家介紹百年不墜的咖啡館經營訣竅。

實戰報告 之1

『巴哈咖啡館』之
手工挑豆

◎ 手工挑豆是烘豆最不可或缺的技術！

簡單一句咖啡烘焙技術，其實囊括許多相關技術，而且都是非學不可。在這本書中也向大家介紹過，諸如咖啡生產國、烘豆機、烘焙程度的基本知識、烘焙咖啡豆的過程、手工挑豆、製作樣本豆、杯測……等等，這些都是烘焙咖啡豆的相關技術，而且每一項都是不可或缺的重要技術，而其中最必須且最需要重視的技術是手工挑豆。

練習烘焙咖啡豆時，使用好豆才能學到最正確的烘焙技術。而為了使用好豆進行烘焙，首要之務是手工挑豆。

◎ 透過手工挑豆，了解「打造優質好咖啡」的本質

手工挑豆是指以人工方式將混入咖啡生豆中的瑕疵豆和異物挑出來的作業。比起烘豆的其他過程，手工挑豆更是無趣且需要耐心的作業。或許是因為這樣的緣故，相較於其他作業，手工挑豆總是被人視為較低階的工作，然而這樣的觀念並不正確。

『巴哈咖啡館』非常重視手工挑豆。理由是理解「優質好咖啡」的本質是相當重要的作業。第 1 章曾經解說過何謂「優質好咖啡」，這裡不再重複，但要實現「優質好咖啡」，手工挑豆是不可或缺的重要程序之一。

「優質好咖啡」需要的原料是不摻雜瑕疵豆的優質生豆，因此首要之務是手工挑豆。藉由手工挑豆作業，真正理解「優質好咖啡」的本質。確實學會手工挑豆作業，才是習得咖啡烘焙技術的最佳捷徑。

◎ 自行開店時，透過手工挑豆培養具有綜合能力的人才！

手工挑豆是一項無趣又需要耐心的作業，因此常有人雙手看似忙碌，事實上卻偷工減料，但這是絕對不應該做的事。手工挑豆過程中養成的偷工減料壞習慣會進一步影響其他作業，到最後當自己開店時，半調子的咖啡烘焙技術根本派不上用場，即便執意獨立開店，也難以持續經營下去。

建議大家一定要認真面對無趣又需要耐心的手工挑豆作業，學習紮實又道地的烘豆技術，這才是獨立開業後邁向成功之路的捷徑。能否順利開業，這將會是一個重要的分水嶺。

順利開了店，經營也逐漸步上軌道，但在這個過程中仍有起有落，客人時而絡繹不絕，時而寥寥無幾，在不景氣的時候更需要耐心，而最適合培養擁有綜合能力人才的作業就是手工挑豆。希望大家理解這一點，以最認真的態度面對挑豆作業。

百年不墜的咖啡館經營訣竅就藏在手工挑豆中。

◎ 推動手工作業與機器作業共存的合理化經營

烘豆所有步驟當中最需要人力的部分就是手工挑豆，而隨著銷售量增加，作業量也變得相當龐大。對停止烘焙所需要的觀察力來說，手工挑豆是非常重要的作業之一，但這同時也對員工造成莫大負擔。有鑑於此，佐竹股份有限公司（Satake Corporation）開發了一台能夠減輕人力作業負擔和人事成本的新型機器「多用途咖啡豆光選機」，一推出就廣受咖啡相關業者的矚目。『巴哈咖啡館』也於2017年特別引進搭載形狀篩選功能的「ピカ選 α PLUS（Satake Smart Sensitivity）」。『巴哈咖啡館』的手工挑豆作業共進行二次，各是在生豆狀態和烘焙後的烘焙豆狀態，目前由「ピカ選 α PLUS」負責生豆的篩選。

田口康一表示「佐田咖啡豆光選機主要用於篩選生豆。目前多半是手工挑豆和ピカ選 α PLUS同時併用，能將部分作業機械化真的是幫了大忙。近年來常聽到從業人員要求改革勞動方式，引進最新型機器後便能有效減輕員工手工挑豆的龐大工作量。不僅能夠縮短作業時間，也能確保有更多時間用於指導後進和烘焙實務上」。

佐竹股份有限公司（Satake Corporation）

官網URL https://www.satake-japan.co.jp

2

實戰報告　之2

『巴哈咖啡館』之用於判斷停止烘焙的樣本豆製作

◉ 透過製作樣本豆，了解「標準」的重要性

最適當的烘焙取決於最重要的關鍵「停止烘焙」。而判斷何時停止烘焙，則需要作為依據的「標準」，這個標準就是樣本豆。

有些烘豆師是以「差不多這個時候」的感覺作為停止烘焙的依據。但人類的感覺並不可靠，通常會於比較過樣本豆之後才發現有烘焙度過深或過淺的情況，這其實是十分常見的情況。

每個人的接受度天差地遠，若全憑個人感覺烘焙咖啡豆，難免會有失敗的時候。烘焙量少的話還可以勉強將失敗當作經驗，但烘焙量大至數十公斤的話，失敗可能會造成無法挽回的局面。

為了避免發生這類失敗，最重要的工作是打造作為判斷停止烘焙「標準」的樣本豆。

不確實理解「標準」的重要性而一意孤行，最終也難以有順利且成功的結果，而且只是造成精力、時間和金錢的浪費。希望大家充分理解後再進一步從基礎開始學起，製作樣本豆是為了避免在實際操作中犯錯的重要作業。

◉ 了解咖啡豆在不同烘焙度下所呈現的顏色、光澤和形狀

製作停止烘焙用的樣本豆也是『巴哈咖啡館』進行烘焙練習時的一個重要環節。在本文第5章P56中已經說明過製作樣本豆的詳細步驟。

希望大家透過製作停止烘焙用的樣本豆了解先前稍微提過的「標準」的重要性，以及咖啡豆在不同烘焙度下所呈現的顏色、光澤、形狀的差異。製作停止烘焙用的樣本豆是了解這些差異的重要作業。

由於每個人的接受度不同，如何將最佳停止烘焙的依據可視化到任何人都能以此作為判斷標準，正是我們學習的目標。

基於什麼目的而製作停止烘焙用的樣本豆？確實理解這個目的，才是習得烘焙技術的最佳捷徑。

○ 開始8階段的基本烘焙

　　『巴哈咖啡館』進行烘焙練習時，通常採用第一輪和第二輪的停止烘焙練習。

　　第一輪是練習停止烘焙的第一步，亦即淺度烘焙、中度烘焙、中深度烘焙、深度烘焙4階段烘焙度。第二輪則是將各烘焙度再細分2級的8階段烘焙度。希望大家以此為基礎，努力提升自己的技能，以期能做到停止烘焙時間點的精準微調。

實戰報告 之3

『巴哈咖啡館』之
設備維護保養

◯ 於旺季之前進行每3個月・每半年1次的定期保養！

自家烘焙咖啡館在一整年的工作之中也是有忙碌程度上的差異。因為烘焙作業而忙碌，或者過年過節送禮訂單增加而忙碌。當然了，這時候的咖啡豆烘焙量也會隨之增加。

『巴哈咖啡館』通常會在開始忙碌之前，還有一點彈性時間的時候進行每3個月或每半年1次的定期維護保養。開始忙碌後，沒有多餘時間進行保養是原因之一，繁忙時期烘豆機出問題也會造成巨大損失。盡可能將預防故障對策列入考慮，並且事先擬定完善的維護保養計畫。

◯ 夏季深度烘焙的分量增加，髒汙程度也會變嚴重

烘豆機的髒汙程度也會因季節而異。例如，夏天飲用冰咖啡的客人大幅增加，而沖煮冰咖啡多半使用深度烘焙的咖啡豆，因此烘豆機的髒汙情況也會變得較嚴重。髒汙程度因季節而異，務必事先掌握並採取因應措施。

◯ 養成定期清潔的習慣以維持良好烘焙品質

偶爾會聽人說「好一陣子沒打掃煙囪了。」但請大家特別注意，銀皮、粉塵的不斷堆積恐會釀成火災等重大意外。如果不定期清理煙囪，煤碳會1公分、2公分逐漸堆積在裡面。定期打掃煙囪是絕對不可偷懶、省略的重要工作。

確實清理才能有良好品質的烘焙。請大家務必養成定期清潔的習慣以維持良好烘焙品質。

◯ 髒了再清理是最糟糕的行為！

關於烘豆機的維護保養，最糟糕的行為就是髒了才清理。像這樣沒有計畫性的做事方式，肯定無助於烘焙作業的順利進行。重要的是擬定每日保養、每2週1次、每3個月1次、每半年1次、每2～3年1次等的維護保養時程表，有計畫性

地進行維護保養。而養成隨時隨手維護、清理烘豆機的習慣也同樣重要。

⭕ 維護保養烘豆機是了解烘豆機制的絕佳時機！

　　維護保養烘豆機是了解烘豆機制的絕佳時機。在『巴哈咖啡館』裡，只要升遷至副店長層級，就必須積極參與烘豆機的維護保養工作。

　　烘豆機是什麼樣的構造，保養優劣又會如何影響實際烘焙品質。我們希望透過拆解・組合烘豆機的作業讓咖啡館裡的員工更加深入理解整個烘豆過程。這種指導方式是傳承自專司『巴哈咖啡館』烘豆作業的前輩們，而接班人田口康一也是透過這樣的維護保養作業一步步提升自己的烘焙技術。

4

實戰報告　之4

『巴哈咖啡館』之工作準則
與做事方法

◎ 『巴哈咖啡館』之工作準則

　　『巴哈咖啡館』制定店內專用的工作準則，任何人都能質・量並重且更有效率地執行自己的分內工作。

　　進入這個主題之前，我想先說明一下，為了讓大家更容易理解『巴哈咖啡館』的工作準則，這裡會以咖啡杯為例進行解說。

　　在『巴哈咖啡館』裡，為了讓咖啡更好喝，我們會依不同烘焙程度選用不同顏色的咖啡杯。

● 淺度烘焙咖啡：顏色明亮的粉紅色或紅色系列
● 中度烘焙咖啡：褐色或黃色系列
● 中深度烘焙咖啡：綠色或藍色系列
● 深度烘焙咖啡：銀色或海軍藍系列

　　這些各式各樣的咖啡杯依用途類別整齊排列於棚架上，不僅方便店裡員工取用，客人也能從咖啡杯顏色得知自己飲用的咖啡是使用什麼烘焙度的咖啡豆沖煮而成。

◯ 使用彩色分類卡，做事更具效率

　　假設店裡經手的咖啡豆種類很多，再加上共同作業的員工有好個幾人，若要順利且有效率地進行生豆庫存管理、銷售商品等各項作業實非容易之事。為了解決這樣的問題，『巴哈咖啡館』向來使用彩色分類卡以進行各類型的工作管理。

　　使用彩色分類卡不僅能避免做白工，減少錯誤發生，還能正確且順暢地完成交班。讓每位員工都能達到相同的工作水準。

　　我們稱這樣的工作模式為彩虹系統。

◯ 經營者整理思緒，制定邏輯準則

制定準則有利員工更容易做事。當工作順暢和諧，大家做起事來自然從容不迫，也能有更多精力與時間去完成其他工作。以負責內場的員工為例，若能以不疾不徐的態度親切對待客人，肯定對改善經營大有幫助。

獨立經營的情況下，店裡的準則常因為經營者的想法而有所改變。但這樣的做事方法容易帶給員工極大的負擔，也可能造成員工失去工作動力，進而導致作業效率變差。為了有效避免這種情況發生，最重要的是經營者必須先自行整理思緒，並且制定合理的標準作業程序。

◯ 透過一連串烘焙過程，學習經營的首要之務

烘焙咖啡豆的一連串過程，必須獨自一人加以完成。烘焙作業是既單調又需要耐心的大工程，而大家往往對於自己喜歡的工作會積極投入，對於不感興趣的事則意興闌珊，這其實也是相當普遍的行為模式。

但希望大家稍微思考一下，如果習慣了這樣的工作態度，一旦自己成為負責人時，擁有自己的店時，將會發生什麼事呢？擁有自己的店代表店裡的所有大小事沒有喜歡與不喜歡的區別，所有事都必須全心投入去做，能夠做到這一點，才得以持續經營下去。

稍微偷工減料也不會有人發現，這種想法是大錯特錯。客人對你的觀察，對你工作態度的評價其實遠遠超乎你想像。

無論什麼工作，無論處於什麼樣的精神狀態，必須做的事就應該全心全力去做。經營一家店的首要之務是擁有強韌的精神，而如何培養強韌的精神，一連串的烘焙作業就是最好的訓練。

巴哈咖啡的
咖啡講習

在熱鬧的街頭打造火熱的咖啡

『巴哈咖啡館』的姐妹公司巴哈咖啡股份有限公司經常針對有志於成立自家烘焙咖啡館的人，舉辦咖啡講習。另一方面，作為「名匠」烘豆機的經銷商，我們也會不定期為計畫添購名匠烘豆機的人舉辦相關講習課程。

在巴哈咖啡所舉辦的咖啡講習中，專業講師詳細為學員解說本書中所介紹的相關知識與技術。

咖啡講習的課程依下列順序進行，而學員就按照這個步調循序漸進地學習。開課日期和時間會公布在以下的網站和Facebook上。

○ 自家烘焙咖啡講習
（各階段2天 × 4個階段）

經營課程	［為期2天］ · 自家烘焙的意義 · 咖啡館的任務
STEP 1	［為期2天］ · 杯測基礎 · 烘豆機的操作
STEP 2	［為期2天］ · 習慣烘豆機的操作 · 觀察烘焙過程
STEP 3	［為期2天］ · 學習烘焙程度 · 停止烘焙的實習

巴哈咖啡股份有限公司
東京都台東區日本堤1-6-2
03-3872-0387
http://www.bach-kaffee-planandconsul.jp

田口 護
（たぐち・まもる）

1938年出生於北海道。『巴哈咖啡館』
的店長。自1978年以來，數次造訪咖
啡豆生產國、考察並訪問各大咖啡消費
國，並且於咖啡豆生產國從事農業技術
指導。1978年成立巴哈咖啡股份有限
公司，並致力於栽培後進。2012年～
2013年擔任SCAJ（日本精品咖啡協
會）會長。目前經常前往中國提供咖啡
農園指導與技術指導，並且周遊列國以
增廣見聞。

田口 康一
（たぐち・こういち）

1978年生於埼玉縣。1998年起任職於
『巴哈咖啡館』，一手包辦整間咖啡館的
業務，從咖啡豆烘焙、萃取、服務客人
到指導後進。以田口護接班人之姿，扛
起『巴哈咖啡館』的重責大任。

好書推薦

◯ 田口護分享 55 例咖啡館創業成功故事

定價 550 元　18.2 x 25.7 cm　256 頁　彩色

經營個人咖啡館擁抱全新人生
深耕在地，將咖啡的溫度分享給更多人
築夢踏實，成就興趣與創業的雙贏選擇
經過咖啡之神田口護指導的成功案例 55 選

　　經營一間咖啡店需要什麼？資金、材料、技術等，可說是最基本的條件。咖啡店的經營模式就像是一棵「樹木」，由繁茂的枝葉所構成。基礎穩固的大樹，會從粗壯的樹幹長出茂密的枝葉。在枝葉的部分，有整理整頓、用具、道具選擇與保養、手作工具等項目。當然，接待服務也是重要的枝葉之一，人才、教育也不容忽略。

　　在全國各地廣設分店的大型咖啡連鎖店因為有巨大體系的支持，擁有非常平衡的枝葉，所以才能成長到數百間店面的規模。至於個人經營的咖啡店呢？個人店自有個人店獨有的長處與弱點。技術、餐點和接待服務是長處，但是在材料、教育與宣傳等部分則容易變成弱點。

　　該如何建立在當地的知名度，吸引穩定的客源與維持營收，都需要努力扎根才有可能能開花結果。與當地居民的互動當中，眼中所見是與連鎖店截然不同的風景。不論是充滿人情味的服務、介紹自家產品的耐心，還是提供空間舉辦藝文活動、回饋社會的善心之舉，人們發現經營自家烘焙咖啡館讓他們找到了比當平凡上班族更有意義的人生。

　　本書精選出 55 篇經營個人咖啡館的成功案例，由咖啡之神田口護以執筆介紹每一間店背後的成長故事。不論是資金充裕卻缺乏勇氣投入開店的人、內心憧憬擁有一間自己店面卻對未來感到徬徨的人、還是想借鏡前人經驗開創嶄新事業的人，都很適合閱讀這本書。希望您也能從中找到屬於自己的一片天地。

瑞昇文化　http://www.rising-books.com.tw
＊書籍定價以書本封底條碼為準＊
購書優惠服務請洽　TEL：02-29453191 或 deepblue@rising-books.com.tw

TITLE

咖啡教父田口護　烘豆研究所

STAFF

ORIGINAL JAPANESE EDITION STAFF

出版	瑞昇文化事業股份有限公司
作者	田口護　田口康一
譯者	龔亭芬
總編輯	郭湘齡
責任編輯	張聿雯
文字編輯	蕭妤秦
美術編輯	許菩真
排版	執筆者設計工作室
製版	印研科技有限公司
印刷	龍岡數位文化股份有限公司
法律顧問	立勤國際法律事務所　黃沛聲律師
戶名	瑞昇文化事業股份有限公司
劃撥帳號	19598343
地址	新北市中和區景平路464巷2弄1-4號
電話	(02)2945-3191
傳真	(02)2945-3190
網址	www.rising-books.com.tw
Mail	deepblue@rising-books.com.tw
初版日期	2021年11月
定價	450元

デザイン	武藤一将デザイン室
撮影	田中慶
編集	稲葉友子　相 和晴
	前田和彦（旭屋出版）
編集協力	株式会社バッハコーヒー
	株式会社大和鉄工所

國家圖書館出版品預行編目資料

咖啡教父田口護 烘豆研究所/田口護, 田
口康一作；龔亭芬譯. -- 初版. -- 新北市
: 瑞昇文化事業股份有限公司, 2021.11
128面 ;20.7x28公分
ISBN 978-986-401-520-7(平裝)

1.咖啡

427.42　　　　　　　　　　110015236